全国监理工程师职业资格考试用书

建设工程合同管理

中国建设监理协会　组织编写

中国建筑工业出版社

图书在版编目（CIP）数据

建设工程合同管理/中国建设监理协会组织编写. —北京：
中国建筑工业出版社，2020.6
全国监理工程师职业资格考试用书
ISBN 978-7-112-25029-5

Ⅰ. ①建…　Ⅱ. ①中…　Ⅲ. ①建筑工程-经济合同-管理-
资格考试-自学参考资料　Ⅳ. ①TU723.1

中国版本图书馆 CIP 数据核字（2020）第 063642 号

本书全面阐释《建设工程合同管理》科目考试大纲内容，是土木建筑工程、交通运输工程、水利工程三类专业技术人员业务培训、继续教育和参加全国监理工程师职业资格考试的指导用书。

本书紧扣考试大纲内容，共分九章，分别是：建设工程合同管理法律制度；建设工程勘察设计招标；建设工程施工招标及工程总承包招标；建设工程材料设备采购招标；建设工程勘察设计合同管理；建设工程施工合同管理；建设工程总承包合同管理；建设工程材料设备采购合同管理；国际工程常用合同文本。

本书还可作为工程监理单位、建设单位、勘察设计单位、施工单位和政府各级建设主管部门有关人员及大专院校工程管理、工程造价、土木工程类专业学生的参考书。

责任编辑：范业庶　张　磊　王华月
责任校对：张惠雯

全国监理工程师职业资格考试用书
建设工程合同管理
中国建设监理协会　组织编写

＊

中国建筑工业出版社出版、发行（北京海淀三里河路 9 号）
各地新华书店、建筑书店经销
北京红光制版公司制版
北京建筑工业印刷厂印刷

＊

开本：787×1092 毫米　1/16　印张：11¼　字数：279 千字
2020 年 5 月第一版　　2020 年 7 月第二次印刷
定价：**42.00** 元（含增值服务）
ISBN 978-7-112-25029-5
（35798）

全国监理工程师职业资格考试用书

审 定 委 员 会

主　　　任：王早生

副　主　任：王学军　修　璐

审 定 人 员：温　健　刘伊生　杨卫东　李　伟　李明安

　　　　　　王雪青　李清立　邓铁军　张守健　姜　军

编 写 委 员 会

主　　　编：刘伊生

副　主　编：李明安　王雪青　李清立　邓铁军　张守健

　　　　　　姜　军

其他编写人员（按姓氏笔画排序）：

　　　　　　付晓明　刘洪兵　许远明　孙占国　李　伟

　　　　　　杨卫东　何红锋　陈大川　赵振宇　龚花强

　　　　　　谭大璐

序

为更好地适应监理人员业务培训、继续教育和参加全国监理工程师职业资格考试需求，中国建设监理协会组织业内权威专家，根据《全国监理工程师职业资格考试大纲》(2020)，结合监理工程师工作实际，编写了全国监理工程师职业资格考试用书（共八册）。其中《建设工程监理概论》《建设工程监理相关法规文件汇编》和《建设工程合同管理》，可作为土木建筑工程、交通运输工程、水利工程三类专业技术人员业务培训、继续教育和参加全国监理工程师职业资格基础科目考试的指导用书；《建设工程质量控制》《建设工程投资控制》《建设工程进度控制》和《建设工程监理案例分析》，可作为土木建筑工程专业技术人员业务培训、继续教育和参加全国监理工程师职业资格考试专业科目的指导用书。

本套丛书充分体现了新时期监理制度改革新要求。一是紧密结合建筑业改革及监理工作标准，突出了通用性。基础科目突出共性，聚焦相关法律法规及国家标准，国务院文件、九部委标准文件，以及工程监理相关的共性、经典理论和方法，确保各专业均适用；专业科目适用于土木建筑工程专业，尽可能突出个性，如强化《建筑工程施工质量验收统一标准》相关内容，增加城市轨道交通工程验收管理办法，考虑装配式建筑、绿色建筑、信息化发展等专业特色。二是在注重法规政策及标准的全面性基础上，突出了时效性和理论的先进性。全书更新了相关法律、行政法规、标准招标文件、合同示范文本，删除了已废止文件，增加了工程监理费计取方法。三是在强化科目之间协调性的基础上，加强知识的系统性，突出可操作性。全书系统介绍了工程监理相关服务的内容和方法，尽量减少概念性、纯理论内容，尽可能贴近工程监理实际。四是在兼顾业务范围前瞻性的基础上，注重监理工作创新性。全书围绕工程监理如何更好地适应工程建设组织实施模式改革需求，进一步强化了工程总承包相关内容，增加了全过程工程咨询及包括政府与社会资本合作（PPP）在内的项目融资，更好地适应工程监理企业转型升级发展需求。五是在突出实用性的前提下，力求技术前沿性。全书以工程监理实际操作为核心，增加了工程监理信息化、国际工程咨询及组织实施模式等新内容，提高工程监理人员的实际工作能力，拓展国际化视野。

本套丛书还可作为工程监理单位、建设单位、勘察设计单位、施工单位和政府各级建设主管部门有关人员及大专院校工程管理、工程造价、土木工程类专业学生的参考书。相信本套丛书可为广大建筑业从业者和相关人员提供帮助。在此向参加编审工作的专家表示衷心感谢。

中国建设监理协会会长 王早生

2020 年 5 月

前 言

　　为了更好地适应《监理工程师职业资格制度规定》及《监理工程师职业资格考试实施办法》要求，诠释《建设工程合同管理》科目考试大纲，中国建设监理协会组织专家编写本书。

　　由于《建设工程合同管理》科目属于基础科目，土木建筑工程、交通运输工程、水利工程三类专业人员都需参加本科目业务培训和测试。因此，本书力求兼顾土木建筑、交通运输、水利三个专业工程领域，依照通用标准招标及合同文件、国家相关法律法规编写相关内容。

　　近年来，我国建设工程领域发展迅速，规模持续扩大，为加强建设工程合同管理，促进工程建设行业的高质量发展，更加需要工程建设行业管理的规范化、法制化。在市场化、法制化不断加强的大背景下，合同管理越来越成为建设工程项目得以实施、建设目标得以实现的依托和保证，工程合同管理成为工程项目管理的核心要素，监理工程师必须熟悉合同，掌握合同管理的手段，依据合同约定进行质量控制、进度控制、投资控制和安全生产管理。

　　本书编写以《建筑法》《招标投标法》《合同法》《民法总则》及国家九部委联合发布的有关勘察、设计、施工、材料采购、设备采购、设计施工总承包标准招标文件及合同示范文本等为主要依据。

　　本书共分九章。包括：建设工程合同管理法律制度；建设工程勘察设计招标；建设工程施工招标及工程总承包招标；建设工程材料设备采购招标；建设工程勘察设计合同管理；建设工程施工合同管理；建设工程总承包合同管理；建设工程材料设备采购合同管理；国际工程常用合同文本。

　　本书由姜军（北京建筑大学教授）主编，刘伊生（北京交通大学教授）、杨卫东（上海同济工程咨询有限公司教授级高级工程师）主审。全书共九章，第一章由赵振宇（华北电力大学教授）、何红锋（南开大学教授）编写，第二、四、九章由赵振宇编写，第三、六、七章由姜军编写，第五、八章由何红锋编写。

　　本书是在原全国监理工程师培训考试用书《建设工程合同管理》的基础上编写而成，在此，谨向原书编审者致以诚挚的谢意！

　　由于水平有限，难免有不妥之处，请广大读者批评指正。

《建设工程合同管理》编写组

2020 年 5 月

目　　录

第一章　建设工程合同管理法律制度

第一节　合同管理任务和方法

中国有全球最大的建筑市场，大量工程建设活动正是通过合同这一纽带结成了项目各方之间的供需关系、经济关系和工作关系。合同不仅规定了相关各方的责任、权利和义务，还约定了各方的工作内容、工作流程和工作要求，同时也划定了各方的风险分担。合同管理贯穿于工程项目全过程，是工程项目管理的核心，工程建设质量、投资、进度目标的设置及其管控，都是以合同为依据确立的，可以说，做好项目就是履行好合同。尤其是在市场化、法制化不断完善的大背景下，合同管理越来越成为建设工程得以顺利实施的依托和保障，并对保护各方合法权益、维护社会经济秩序、推动建筑市场健康发展起着重要作用。

建设工程合同管理包括对勘察、设计、材料设备采购、施工承包、设计施工总承包等多种不同类型合同的管理，涵盖招标采购、合同策划、合同签订、合同履行等多个阶段，明确各阶段合同管理的目标任务、掌握并灵活应用适合的合同管理方法，是做好项目管理工作的基本要求。

一、招标采购阶段的管理任务和方法

（一）开展建设工程项目招标采购的总体策划

开展工程采购招标总体策划应明确建设工程项目的目标是什么，回答实现工程项目目标需要做什么、何时做、如何做的问题。

具体而言，首先应根据项目目标要求，对整个项目的采购工作做出总体策划安排，要明确项目需要采购哪些工程、服务和物资，应用目标分解、工作分解结构（WBS）等方法制定总体采购计划和采购清单；在此基础上进行采购标段划分，考虑工程如何划分标段，物资如何进行分批次采购；拟定采购计划安排、采购方式和采购时间安排、采购组织和管理协调工作安排。

在进行工程招标采购总体策划时，应以工程项目投资计划中的重要控制日期（如：开工日、竣工日）为关键节点，应用横道图、网络图等方法统筹各项采购任务和时间上的相互衔接，确定好采购勘察设计服务、施工承包、材料设备的内容和数量，各项采购的顺序和分阶段步骤，做好标段及合同段的合理划分；并确定采用何种采购和招标方式，如：直接采购、询价或议标、公开招标、邀请招标等。还应根据实际情况，确定是由项目单位自行组织采购还是委托采购招标代理机构完成。

建设工程项目通常应通过招标签订各类合同，因此，应根据项目需要，提前策划设定招标和合同文件中的重点要求作为开展采购招标工作的主要依据，如勘察设计招标中对勘察设计工作起止时间、工作内容、工作质量、费用支付的要求；施工承包招标中对施工工期、施工工作内容、工程款支付、施工质量、工程验收、质量保修的要求；材料设备采购招标中对供货内容、交货时间、支付方式、技术服务的要求等。

（二）根据标准文本编制招标文件和合同条件

我国工程建设领域推行招标合同示范文本制度，近年来国务院及地方各级行政管理部门、行业组织颁布了不同系列的招标合同示范文本，如国家发展和改革委员会等九部委联合印发的《标准勘察招标文件》《标准设计招标文件》《标准施工招标文件》《标准材料采购招标文件》《标准设备采购招标文件》，以及《简明标准施工招标文件》《标准设计施工总承包招标文件》等，具有结构完整、内容全面、条款严谨、权责合理的特点，正得到广泛应用。

在招标采购和缔约过程中，应考虑选用适合工程项目需要的标准招标文件及合同示范文本。通过参考选用标准示范文本，作用在于：（1）有利于当事人了解并遵守有关法律法规，确保建设工程招标和合同文件中的各项内容符合法律法规的要求；（2）可以帮助当事人正确拟定招标和合同文件条款，保证各项内容的完整性和准确性，避免缺款漏项，防止出现显失公平的条款，保证交易安全；（3）有助于降低交易成本，提高交易效率，降低合同条款协商和谈判缔约工作的复杂性；（4）有利于当事人履行合同的规范和顺畅；（5）有利于审计机构、相关行政管理部门对合同的审计和监督；（6）有助于仲裁机构或人民法院裁判纠纷，最大限度维护当事人的合法权益。

（三）细化项目参建各相关方的合同界面管理

工程建设项目是由多方参与的复杂系统工程，应通过合同管理有效妥善地协调安排好建设单位、监理单位、勘察设计单位、施工单位、物资供应单位等项目参建各方之间的界面关系，包括工作范围界面、风险界面、组织界面、费用界面、进度界面等。

建设项目管理机构应有专门的合同界面协调人参与编制或审查招投标文件和合同文件，确认相关各方的合同界面关系，如：土建合同和安装合同之间、安装合同和设备供应合同之间的责任界面和接口对接。可综合采用文字说明、清单列举、图纸标注等方法，使参建各方责任明确、边界划分清楚、衔接严谨，做到工作既不遗漏又不重复，各方均有合同依据可循，避免参与方互相推诿工作内容和责任。同时，还应做到不同界面之间信息开放透明，信息传递顺畅高效，各方能根据合同项目实施进展情况相互检查、及时通报、确认更新，并通过合同界面管理超前协调好项目各方工作。

（四）合理选择适合建设工程特点的合同计价方式

选择好适合项目特点的合同计价方式是招标采购和合同管理工作的关键，以建设工程施工合同为例，根据计价方式不同，有单价合同、总价合同和成本加酬金合同等不同计价方式。

1. 单价合同

所谓单价合同，即根据计划工程内容和估算工程量，在合同中明确每项工作内容的单位价格，实际支付时用每项工作实际完成工程量乘以该项工作的单位价格计算出该项工作的应付工程款。由于单价合同是根据工程量实际发生的多少而支付相应的工程款，发生的多则多支付，发生的少则少支付，这使得在施工工程"价"和"量"方面的风险分配对合同双方均显公平。

该合同特点是单价优先，多适用于在发包时施工工程内容和工程量尚不能明确确定的情况，发包单位可以在设计工作尚未完成、工程量清单尚未确定、工作内容无需完整详尽约定的情况下就开始施工招标，投标人只需对所列工程内容报出单价，从而缩短招投标时间，利于尽早开工。但采用单价合同，需要在施工过程中协调工作内容、测量核实完成的工程量；且实际应付工程款可能超过估算，控制投资难度较大。

单价合同又可分为固定单价合同和可变单价合同两种形式。固定单价合同对承包商而言，存在较大的报价风险。一般适合于工期较短、工作内容和工程量变化幅度不大的项目。与固定单价合同相比，可变单价合同承包商承担价格变动的风险较小。

2. 总价合同

总价合同，也称总价包干合同，是指合同就约定的工程施工内容和要求，规定一个确定的总价作为业主支付给承包商的款额。总价合同包括固定总价和可调总价两种形式。

（1）采用固定总价合同，承包商几乎承担了工作量及价格变动的全部风险，如项目漏报、工作量计算错误、费用价格上涨等，因此，承包商在报价时应对价格变动因素以及不可预见因素做充分的估计。对业主而言，在合同签订时就可以基本确定项目总投资额，有利于投资控制；通过把风险分配给承包商，业主承担的风险较小。

固定总价合同中也可约定，在工作范围较之合同规定发生变化、工程变更超过一定幅度等特殊情况下可以对合同价格进行调整。

固定总价合同一般适用于工程范围和任务明确，工程设计图纸完整详细，承包商了解现场条件、能准确确定工程量及施工计划，施工期较短、价格波动不大的项目。

（2）可调总价合同又称变动总价合同。在合同执行过程中，因市场价格波动等原因而使工程所使用的人员、设备、材料成本增加时，可以按照合同约定对合同总价进行相应的调整；一般设计变更、工程量变化和其他工程条件变化所引起的费用变化也可以进行调整。因此，市场价格变动等风险由业主承担，与固定总价合同相比，在一定程度上降低了承包商的风险，但对业主而言，突破合同既定价格的风险有所增大。

在工程施工承包招标时，施工期限一年左右的项目可考虑采用固定总价合同，以签订合同时的单价和总价为准，物价上涨等风险由承包商承担；对建设周期一年半以上的工程项目，则应考虑施工期间市场价格等的变化，宜采用可调总价合同。

3. 成本加酬金合同

成本加酬金合同，也称为成本补偿合同或成本加成合同。采用这种合同，承包商利润有保证，价格变化或工程量变化的风险基本都由业主承担。但承包商往往缺乏降低成本的激励，还可能通过提高工程成本而增加自身利润，不利于业主的投资控制。通常仅适用于工程复杂，工程技术、结构方案难以预先确定，时间特别紧迫（如抢险救灾）的项目。该合同计价方式可以简化招标、节省时间，不需等到设计图纸完成后才开始招标和施工，实现设计和施工工作的搭接。成本加酬金合同还可分为成本加固定酬金合同、成本加固定百分比酬金合同、成本加可变酬金合同等形式。

二、合同签订及履行阶段的管理任务和方法

（一）组织做好合同评审工作

在合同订立前，合同主体相关各方应组织工程管理、经济、技术和法律方面的专业人员进行合同评审，应用文本分析、风险识别等方法完成对合同条件的审查、认定和评估工作。采用招标方式订立合同时，还应对招标文件和投标文件进行审查、认定和评估。合同评审主要包括下列内容：

（1）合法性、合规性评审。保证合同条款不违反法律、行政法规、地方性法规的强制性规定，不违反国家标准、行业标准、地方标准的强制性条文。

（2）合理性、可行性评审。保证合同权利和义务公平合理，不存在对合同条款的重大误解，不存在合同履行障碍。

（3）合同严密性、完整性评审。保证与合同履行紧密关联的合同条件、技术标准、技术资料、外部环境条件、自身履约能力等条件满足合同履行要求。

（4）与产品或过程有关要求的评审。保证合同内容没有缺项漏项，合同条款没有文字歧义、数据不全、条款冲突等情形，合同组成文件之间没有矛盾。通过招投标方式订立合同的，合同内容还应当符合招标文件和中标人的投标文件的实质性要求和条件。

（5）合同风险评估。保证合同履行过程中可能出现的经营风险、法律风险处于可以接受的水平。

合同评审中发现的问题，应以书面形式提出，并对问题予以澄清或调整。合同当事方还可根据需要进行合同谈判，通过协商、细化、完善、补充、修改或另行约定合同条款和内容。

（二）制定完善的合同管理制度和实施计划

合同相关各方应加强合同管理体系和制度建设，做好合同管理机构设置和合同归口管理工作，配备合同管理人员，制定并有效执行合同管理制度，如合同目标管理制度、合同评审会签制度、合同交底制度、合同报告制度、合同文件资料归档保管制度、合同管理评估和绩效考核制度。

合同实施计划是保证合同履行的重要手段，合同相关各方应根据合同编制合同实施计划。合同实施计划应包括：（1）合同实施总体安排；（2）合同分解与管理策划；（3）合同实施保证体系的建立。其中，合同实施保证体系应与其他管理体系协调一致。还应建立合同文件沟通方式、编码系统和文档系统。

（三）落实细化合同交底工作

在合同履行前，需了解掌握合同条款内容，对合同进行仔细研读，进行总体和专题性分析。合同各方的相关部门和合同谈判人员应对项目管理机构进行合同交底，合同交底应包括下列内容：（1）合同的主要内容；（2）合同订立过程中的特殊问题及合同待定问题；（3）合同实施计划及责任分配；（4）合同实施的主要风险；（5）其他应进行交底的合同事项。

通过合同交底，应对合同的主要内容及存在的风险做出解释和说明，使相关人员熟悉合同中的主要内容、各种规定及要求、管理程序，了解自己的合同责任、工作范围以及法律责任，确保在执行合同时不出或少出偏差。合同交底可用书面、电子数据、视听资料和口头的形式实施，书面交底的应签署确认书。

（四）及时进行合同跟踪、诊断和纠偏

合同相关各方应在合同实施过程中采用 PDCA 循环（计划—执行—检查—处置）方法定期进行合同跟踪诊断和纠偏，主要开展如下工作：（1）对合同实施信息进行全面收集、分类处理，将合同实施情况与合同实施计划进行对比分析，查找合同实施中的偏差；（2）定期对合同实施中出现的偏差进行定性、定量分析，包括原因分析、责任分析以及实施趋势预测，通报合同实施情况及存在的问题；（3）根据合同实施偏差结果制定合同纠偏措施或方案，并与其他相关方沟通协调配合；（4）采用闭环管理的方法对识别出的偏差、问题及其纠偏、改进实施情况进行持续跟踪，直至落实完成。

应严格执行合同管理工作程序和报告、文档制度，在收到合同相对方的信函、文书、会议纪要等文件后，应及时回复并存档；对合同履行中出现的问题应及时详细地加以记录，并根据实际情况制定出切实可行且有效的处理措施和应对策略。对合同履行过程中出现的问题和需要商定的事项应及时组织各方进行商谈，对商谈结果给予有效记录，如组织起草、签署合同补充协议书、会议纪要、备忘录等，并及时落实跟踪商定的事项。

（五）灵活规范应对处理合同变更问题

由于工程建设的复杂性和不确定性，随着项目的逐步实施，经常会出现新情况新问题，可能发生合同变更，并产生资源投入变化、费用变化和对工期的影响，容易导致合同双方的利益冲突，需要提前预判、及时灵活处理。合同变更管理包括变更依据、变更范围、变更程序、变更措施的制定和实施，以及对变更的检查和信息反馈工作。合同相关各方应按照规定实施合同变更的管理工作，将变更文件和要求传递至相关人员。

通常，合同变更应当符合下列条件：（1）变更的内容应符合合同约定或者法律法规规定。变更超过原设计标准或者批准规模时，应由当事方按照规定程序办理变更审批手续。（2）变更或变更异议的提出，应符合合同约定或者法律法规规定的程序和期限。（3）变更应经当事方或其授权人员签字或盖章后实施。（4）变更对合同价格及工期有影响时，相应调整合同价格和工期。

（六）开发和应用信息化合同管理系统

基于计算机和互联网技术的线上合同管理系统是实现信息共享、协同工作、过程控制、实时管理的重要手段。

应建立线上合同管理系统，通过数据库技术，实现结构化的合同数据和文件管理，方便管理人员对合同进行归类、统计、跟踪等工作；可采用移动终端、计算机终端、物联网技术或其他技术对合同实施过程中的数据进行及时准确的采集，形成相关电子报表和图表，获得合同实施动态信息，并预测趋势辅助决策；可通过权限设置和任务分配，实现参与人员串行审批或并行审批，实现无纸化办公、多人协调办公；合同管理系统还可以提供合同数据库，如合同范本、法律法规、物价、财务、税务、保险等内容，以方便工作人员查阅使用。

（七）正确处理合同履行中的索赔和争议

对合同履行过程中出现对方的违约情况或违反合同的干扰事件，应及时查明原因，通过取证，按照合同的规定及时、合理、准确地向对方提出索赔报告；当接到对方索赔后，应严格审核对方提出的索赔要求，分析索赔成立条件和理赔依据并及时处理，同时，应防止事态扩大，避免更大损失。

通常，索赔应符合下列条件：（1）索赔应依据合同约定提出。合同没有约定或者约定不明时，按照法律法规规定提出。（2）索赔应全面、完整地收集和整理索赔资料。（3）索赔意向通知及索赔报告应按照约定或法定的程序和期限提出。（4）索赔报告应说明索赔理由，提出索赔金额及工期。

索赔证据包括当事人陈述、书证、物证、视听资料、电子数据、证人证言、鉴定意见、勘验笔录等证据形式。经查证属实的证据才能作为认定事实的依据。可以说，在合同约定或者法律规定的期限内提出索赔文件、完成审查或者签认索赔文件，是索赔得以确认的重要保证。

合同冲突管理应以预防为主，提倡工作协调"多走一步、多做一些、主动一些、抓紧一些"，以减少矛盾和争议的发生。在编制合同时，就应最大限度地完善合同条款，避免因合同约定不明而导致纠纷；遇到有可能引起纠纷的问题，应及时详细地做好书面记录，保存好相关资料，使争议事项有据可查。对于合同履行过程中出现纠纷，可采取组织召开协调讨论会、加强各方沟通等措施，原则性和灵活性相结合，力促各方通过友好协商及时解决争端，避免纠纷扩大积重难返。

（八）开展合同管理评价与经验教训总结

合同终止前，项目管理机构应进行项目合同管理评价，总结合同订立和执行过程中的经验和教训，提出总结报告。并可采用量化考核的方法对合同执行效果进行分项和总体评价。

合同总结报告应包括下列内容：（1）合同订立情况评价；（2）合同履行情况评价；（3）合同管理工作评价；（4）对本项目有重大影响的合同条款评价；（5）其他经验和教训等。

应根据合同总结报告确定项目合同管理改进需求，制订改进措施，进一步完善合同管理制度，并按照规定保存合同总结报告。合同总结报告的重点内容是相关经验和教训总结，应通过总结使成功的经验能够在后续项目中得以分享借鉴；同时，杜绝失败的教训再次发生，避免重复交学费。

（九）倡导构建合同各方合作共赢机制

协作也是生产力，应改变传统的"零和"博弈的输赢观，体现"双赢"是最好的结果，将合同实施过程中各方之间存在的风险转嫁、利益对抗发展为通过建立合作机制实现共赢。

项目参建各方应在尊重并关照彼此需求、期望和利益的基础上整合确立项目共同目标，践行"干好项目，共同受益"的理念；应通过参建各方积极合作与协调，发挥各方的资源优势，减少各种形式的内耗与浪费，提高项目效率；应借助参建各方核心能力的发挥，创造新机会，扩大收益，提升项目效益。鼓励倡导"透明的文化"，即参建伙伴间保持透明，欢迎相互检查、相互提醒，绝不允许隐瞒任何质量问题；一旦发现问题，应准确定性、快速处理、及时反馈。形成"让我们一起努力、一起分享"的项目文化，建立参建各方"责任上分、目标上合的目标激励机制；合同上分、利益上合的利益驱动机制；岗位上分、思想上合的协调机制"。

第二节 合同管理相关法律基础

一、合同法律关系

（一）合同法律关系的构成

1. 合同法律关系的概念

法律关系是一定的社会关系在相应的法律规范的调整下形成的权利义务关系。法律关系的实质是法律关系主体之间存在的特定权利义务关系。合同法律关系是一种重要的法律关系。

合同法律关系是指由合同法律规范所调整的、在民事流转过程中所产生的权利义务关系。合同法律关系包括合同法律关系主体、合同法律关系客体、合同法律关系内容三个要素。这三要素构成了合同法律关系，缺少其中任何一个要素都不能构成合同法律关系，改变其中的任何一个要素就改变了原来设定的法律关系。

2. 合同法律关系主体

合同法律关系主体是参加合同法律关系，享有相应权利、承担相应义务的自然人、法人和非法人组织，为合同当事人。

（1）自然人

自然人是指基于出生而成为民事法律关系主体的有生命的人。作为合同法律关系主体的自然人必须具备相应的民事权利能力和民事行为能力。民事权利能力是民事主体依法享有民事权利和承担民事义务的资格。自然人从出生时起到死亡时止，具有民事权利能力，依法享有民事权利，承担民事义务。民事行为能力是民事主体通过自己的行为取得民事权利和履行民事义务的资格。

根据自然人的年龄和精神健康状况，可以将自然人分为完全民事行为能力人、限制民事行为能力人和无民事行为能力人。十八周岁以上的自然人为成年人。不满十八周岁的自然人为未成年人。成年人为完全民事行为能力人，可以独立实施民事法律行为。十六周岁以上的未成年人，以自己的劳动收入为主要生活来源的，视为完全民事行为能力人。八周岁以上的未成年人为限制民事行为能力人，实施民事法律行为由其法定代理人代理或者经其法定代理人同意、追认，但是可以独立实施纯获利益的民事法律行为或者与其年龄、智力相适应的民事法律行为。不满八周岁的未成年人为无民事行为能力人，由其法定代理人代理实施民事法律行为。不能辨认自己行为的成年人为无民事行为能力人，由其法定代理人代理实施民事法律行为。

（2）法人

法人是具有民事权利能力和民事行为能力，依法独立享有民事权利和承担民事义务的组织。法人是与自然人相对应的概念，是法律赋予社会组织具有人格的一项制度。这一制度为确立社会组织的权利、义务，便于社会组织独立承担责任提供了基础。法人的民事权利能力和民事行为能力，从法人成立时产生，到法人终止时消灭。法人以其全部财产独立承担民事责任。

法人应当依法成立。法人应当有自己的名称、组织机构、住所、财产或者经费。法人成立的具体条件和程序，依照法律、行政法规的规定。设立法人，法律、行政法规规定须经有关机关批准的，依照其规定。

依照法律或者法人章程的规定，代表法人从事民事活动的负责人，为法人的法定代表人。法定代表人以法人名义从事的民事活动，其法律后果由法人承受。法人章程或者法人权力机构对法定代表人代表权的限制，不得对抗善意相对人。法定代表人因执行职务造成他人损害的，由法人承担民事责任。法人承担民事责任后，依照法律或者法人章程的规定，可以向有过错的法定代表人追偿。

《民法总则》将法人分为营利法人、非营利法人和特别法人。以取得利润并分配给股东等出资人为目的成立的法人，为营利法人。营利法人包括有限责任公司、股份有限公司和其他企业法人等。营利法人经依法登记成立。为公益目的或者其他非营利目的成立，不向出资人、设立人或者会员分配所取得利润的法人，为非营利法人。非营利法人包括事业单位、社会团体、基金会、社会服务机构等。机关法人、农村集体经济组织法人、城镇农村的合作经济组织法人、基层群众性自治组织法人，为特别法人。

（3）非法人组织

非法人组织是不具有法人资格，但是能够依法以自己的名义从事民事活动的组织。非法人组织包括个人独资企业、合伙企业、不具有法人资格的专业服务机构等。非法人组织应当依照法律的规定登记。设立非法人组织，法律、行政法规规定须经有关机关批准的，依照其规定。非法人组织的财产不足以清偿债务的，其出资人或者设立人承担无限责任。法律另有规定的，依照其规定。

3. 合同法律关系的客体

合同法律关系客体，是指参加合同法律关系的主体享有的权利和承担的义务所共同指向的对象。合同法律关系的客体主要包括物、行为、智力成果。

（1）物

法律意义上的物是指可为人们控制并具有经济价值的生产资料和消费资料，可以分为动产和不动产、流通物与限制流通物、特定物与种类物等。如建筑材料、建筑设备、建筑物等都可能成为合同法律关系的客体。货币作为一般等价物也是法律意义上的物，可以作为合同法律关系的客体，如借款合同等。

（2）行为

法律意义上的行为是指人的有意识的活动。在合同法律关系中，行为多表现为完成一定的工作，如勘察设计、施工安装等，这些行为都可以成为合同法律关系的客体。行为也可以表现为提供一定的劳务，如绑扎钢筋、土方开挖、抹灰等。

（3）智力成果

智力成果是通过人的智力活动所创造出的精神成果，包括知识产权、技术秘密及在特定情况下的公知技术。如专利权、工程设计等，都有可能成为合同法律关系的客体。

4. 合同法律关系的内容

合同法律关系的内容是指合同约定和法律规定的权利和义务。合同法律关系的内容是合同的具体要求，决定了合同法律关系的性质，它是连接主体的纽带。

（1）权利

权利是指合同法律关系主体在法定范围内，按照合同的约定有权按照自己的意志作出某种行为。权利主体也可以要求义务主体作出一定的行为或不作出一定的行为，以实现自己的有关权利。当权利受到侵害时，有权得到法律保护。

（2）义务

义务是指合同法律关系主体必须按法律规定或约定承担应负的责任。义务和权利是相互对应的，相应主体应自觉履行相对应的义务。否则，义务人应承担相应的法律责任。

（二）合同法律关系的产生、变更与消灭

合同法律关系并不是由建设法律规范本身产生的，只有在一定的情况和条件下才能产生、变更和消灭。能够引起合同法律关系产生、变更和消灭的客观现象和事实，就是法律事实。法律事实包括行为和事件。

1. 行为

行为是指法律关系主体有意识的活动，能够引起法律关系发生、变更和消灭的行为，包括作为和不作为两种表现形式。

行为还可分为合法行为和违法行为。凡符合国家法律规定或为国家法律所认可的行为是合法行为，如：在建设活动中，当事人订立合法有效的合同，会产生建设工程合同关系；建设行政管理部门依法对建设活动进行的管理活动，会产生建设行政管理关系。凡违反国家法律规定的行为是违法行为，如：建设工程合同当事人违约，会导致建设工程合同关系的变更或者消灭。

此外，行政行为和发生法律效力的法院判决、裁定以及仲裁机构发生法律效力的裁决等，也是一种法律事实，也能引起法律关系的发生、变更、消灭。

2. 事件

事件是指不以合同法律关系主体的主观意志为转移而发生的，能够引起合同法律关系产生、变更、消灭的客观现象。这些客观事件的出现与否，是当事人无法预见和控制的。

事件可分为自然事件和社会事件两种。自然事件是指由于自然现象所引起的客观事实，如地震、台风等。社会事件是指由于社会上发生了不以个人意志为转移的、难以预料的重大事件所形成的客观事实，如战争、罢工、禁运等。无论自然事件还是社会事件，它们的发生都能引起一定的法律后果。即导致合同法律关系的产生或者迫使已经存在的合同法律关系发生变化。

二、代理关系

（一）代理的概念和特征

代理，是借助他人代本人为意思表示，本人自己享有意思表示后果的法律行为。民事主体可以通过代理人实施民事法律行为。依照法律规定、当事人约定或者民事法律行为的性质，应当由本人亲自实施的民事法律行为，不得代理。代理人在代理权限内，以被代理人名义实施的民事法律行为，对被代理人发生效力。代理具有以下特征：

1. 代理人必须在代理权限范围内实施代理行为

无论代理权的产生是基于何种法律事实，代理人都不得擅自变更或扩大代理权限，代理人超越代理权限的行为不属于代理行为，被代理人对此不承担责任。在代理关系中，委托代理中的代理人应根据被代理人的授权范围进行代理，法定代理和指定代理中的代理人也应在法律规定或指定的权限范围内实施代理行为。

2. 代理人以被代理人的名义实施代理行为

代理人只有以被代理人的名义实施代理行为，才能为被代理人取得权利和设定义务。这种代理也被称为显明代理，是传统代理制度的基本要求，我国《合同法》已经引入了隐名代理，但从整个法律制度看，没有把隐名代理认定为代理的一般状态。

3. 代理人在被代理人的授权范围内独立地表现自己的意志

在被代理人的授权范围内，代理人以自己的意志去积极地为实现被代理人的利益和意愿进行具有法律意义的活动。它具体表现为代理人有权自行解决他如何向第三人作出意思表示，或者是否接受第三人的意思表示。

4. 被代理人对代理行为承担民事责任

代理是代理人以被代理人的名义实施的法律行为，所以在代理关系中所设定的权利义务，应当直接归属被代理人享受和承担。被代理人对代理人的代理行为应承担的责任，既包括对代理人在执行代理任务的合法行为承担民事责任，也包括对代理人不当代理行为承担民事责任。

（二）代理的种类

以代理权产生的依据不同，可将代理分为委托代理、法定代理。

1. 委托代理

委托代理是基于被代理人对代理人的委托授权行为而产生的代理，因此又称为意定代理。委托代理关系的产生，需要在代理人与被代理人之间存在基础法律关系，如委托合同关系、合伙合同关系、工作隶属关系等，但只有在被代理人对代理人进行授权后，这种委托代理关系才真正建立。委托代理授权采用书面形式的，授权委托书应当载明代理人的姓名或者名称、代理事项、权限和期间，并由被代理人签名或者盖章。

在委托代理中，被代理人所作出的授权行为属于单方的法律行为，仅凭被代理人一方的意思表示，即可以发生授权的法律效力。被代理人有权随时撤销其授权委托。代理人也有权随时辞去所受委托。但代理人辞去委托时，不能给被代理人和善意第三人造成损失，否则应负赔偿责任。

在工程建设中涉及的代理主要是委托代理，如项目经理作为施工企业的代理人、总监理工程师作为监理单位的代理人等，当然，授权行为是由单位的法定代表人代表单位完成的。《民法总则》规定，执行法人或者非法人组织工作任务的人员，就其职权范围内的事项，以法人或者非法人组织的名义实施民事法律行为，对法人或者非法人组织发生效力。法人或者非法人组织对执行其工作任务的人员职权范围的限制，不得对抗善意相对人。

项目经理、总监理工程师作为施工企业、监理单位的代理人，应当在授权范围或者职权范围内行使代理权，超出授权范围或者职权范围的行为则应当由行为人自己承担。如果授权范围不明确，则应当由被代理人（单位）向第三人承担民事责任，代理人负连带责任，但是代理人的连带责任是在被代理人无法承担责任的基础上承担的。如果考虑工程建设的实际情况，被代理人的承担民事责任的能力远远高于代理人，在这种情况下实际应当由被代理人承担民事责任。代理人知道或者应当知道代理事项违法仍然实施代理行为，或者被代理人知道或者应当知道代理人的代理行为违法未作反对表示的，被代理人和代理人应当承担连带责任。

合同在市场经济条件下得到了广泛应用，但由于合同的种类繁多，当合同主体对欲签订的某一合同因约定的条款内容不熟悉，往往委托代理人或代理机构帮助他形成合同。随着社会分工的不断细化，工程建设领域中的某些中介业务已经产生了专门的代理机构，甚至成为了行业，如工程招标代理机构。工程招标代理机构是接受被代理人的委托、为被代理人办理招标事宜的社会组织。工程招标代理的被代理人是发包人，一般是工程项目的所有人或者经营者，即项目法人或通常所称的建设单位。在委托人的授权范围内，招标代理机构从事的代理行为，其法律责任由发包人承担。如果招标代理机构在招标代理过程中有过错行为，招标人则有权根据招标代理合同的约定追究招标代理机构的违约责任。

2. 法定代理

法定代理是指根据法律的直接规定而产生的代理。法定代理主要是为维护无行为能力或限制行为能力人的利益而设立的代理方式。

（三）无权代理

无权代理是指行为人没有代理权而以他人名义进行民事、经济活动。无权代理包括以下三种情况：（1）没有代理权而为的代理行为；（2）超越代理权限而为的代理行为；（3）代理权终止后的代理行为。

对于无权代理行为，"被代理人"可以根据无权代理行为的后果对自己有利或不利的原则，行使"追认权"或"拒绝权"。行使追认权后，将无权代理行为转化为合法的代理行为。第三人事后知道对方为无权代理的，可以向"被代理人"行使催告权，也可以撤销此前的行为。《民法总则》规定，行为人没有代理权、超越代理权或者代理权终止后，仍然实施代理行为，未经被代理人追认的，对被代理人不发生效力。相对人可以催告被代理人自收到通知之日起一个月内予以追认。被代理人未作表示的，视为拒绝追认。行为人实施的行为被追认前，善意相对人有撤销的权利。撤销应当以通知的方式作出。

（四）代理关系的终止

1. 委托代理关系的终止

委托代理关系可因下列原因终止：（1）代理期间届满或者代理事务完成；（2）被代理人取消委托或代理人辞去委托；（3）代理人丧失民事行为能力；（4）代理人或者被代理人死亡；（5）作为代理人或者被代理人的法人、非法人组织终止。

2. 法定代理关系的终止

法定代理可因下列原因终止：（1）被代理人取得或者恢复完全民事行为能力；（2）代理人丧失民事行为能力；（3）代理人或者被代理人死亡；（4）法律规定的其他情形。

三、民事责任

法律责任中的行政责任和刑事责任，都只能基于法律规定，合同不能进行约定。因此，建设工程合同中的法律责任，只能是民事责任，这也是建设工程合同管理的法律基础。监理工程师应当对民事责任的概念有所了解。

（一）民事责任的概念和承担方式

民事责任，是指民事主体在民事活动中，因实施了民事违法行为，根据法律规定或者合同约定所承担的对其不利的民事法律后果。民事责任包括合同责任与侵权责任。合同责任包括违约责任与缔约过失责任。

承担民事责任的方式主要有：（1）停止侵害；（2）排除妨碍；（3）消除危险；（4）返还财产；（5）恢复原状；（6）修理、重作、更换；（7）继续履行；（8）赔偿损失；（9）支付违约金；（10）消除影响、恢复名誉；（11）赔礼道歉。承担民事责任的方式，可以单独适用，也可以合并适用。

（二）民事责任的承担原则

1. 按份责任的承担

二人以上依法承担按份责任，能够确定责任大小的，各自承担相应的责任；难以确定责任大小的，平均承担责任。

2. 连带责任的承担

二人以上依法承担连带责任的，权利人有权请求部分或者全部连带责任人承担责任。连带责任人的责任份额根据各自责任大小确定；难以确定责任大小的，平均承担责任。实际承担责任超过自己责任份额的连带责任人，有权向其他连带责任人追偿。

3. 不可抗力免除承担民事责任

不可抗力是指不能预见、不能避免且不能克服的客观情况。因不可抗力不能履行民事义务的，不承担民事责任。法律另有规定的，依照其规定。2020 年 1 月爆发了新型冠状病毒感染肺炎的疫情，全国大陆所有省、自治区、直辖市先后启动重大突发公共卫生事件Ⅰ级响应。这次疫情对工程建设造成了巨大的影响，一般应当认定为不可抗力。

（三）监理单位的民事责任

工程监理单位不按照委托监理合同的约定履行监理义务，对应当监督检查的项目不检查或者不按照规定检查，给建设单位造成损失的，应当承担相应的赔偿责任。

工程监理单位与承包单位串通，为承包单位谋取非法利益，给建设单位造成损失的，应当与承包单位承担连带赔偿责任。

（四）建设工程合同的违约责任

1. 承担违约责任的条件

合同当事人承担违约责任的条件包括以下两种：（1）当事人一方不履行合同义务或者履行合同义务不符合约定的，应当承担继续履行、采取补救措施或者赔偿损失等违约责任；（2）当事人一方明确表示或者以自己的行为表明不履行合同义务的，对方可以在履行期限届满之前要求其承担违约责任。

2. 施工合同中当事人的过错责任

发包人具有下列情形之一，造成建设工程质量缺陷，应当承担过错责任：（1）提供的设计有缺陷；（2）提供或者指定购买的建筑材料、建筑构配件、设备不符合强制性标准；（3）直接指定分包人分包专业工程。承包人有过错的，也应当承担相应的过错责任。

3. 施工合同中未经竣工验收擅自使用的责任

建设工程未经竣工验收，发包人擅自使用后，又以使用部分质量不符合约定为由主张权利的，不予支持；但是承包人应当在建设工程的合理使用寿命内对地基基础工程和主体结构质量承担民事责任。

4. 施工合同中借用资质的连带赔偿责任

缺乏资质的单位或者个人借用有资质的建筑施工企业名义签订建设工程施工合同，发包人请求出借方与借用方对建设工程质量不合格等因出借资质造成的损失承担连带赔偿责任的，人民法院应予支持。

第三节　合同担保

一、担保的概念

担保是指当事人根据法律规定或者双方约定，为促使债务人履行债务实现债权人权利的法律制度。担保通常由当事人双方订立担保合同。担保合同是被担保合同的从合同，被担保合同是主合同，主合同无效，从合同也无效。但担保合同另有约定的按照约定。

担保活动应当遵循平等、自愿、公平、诚实信用的原则。

广义的担保法是指调整因担保关系而产生的债权债务关系的法律规范总称。为促进资金融通和商品流通，保障债权的实现，发展社会主义市场经济，1995 年 6 月 30 日第八届全国人民代表大会常务委员会第十四次会议通过《中华人民共和国担保法》，自 1995 年

10 月 1 日起施行，《中华人民共和国物权法》也对担保作出了一定的规定。根据《中华人民共和国物权法》第一百七十八条的规定：担保法与本法的规定不一致的，适用本法。可知，在《物权法》中采取了"新法优于旧法"的原则，在《物权法》实施后对《担保法》许多的规定作出了修改，在对同一事项有不同的规定时，法律适用层面上应当优先适用《物权法》。

二、担保方式

我国《担保法》规定的担保方式为保证、抵押、质押、留置和定金。

（一）保证

1. 保证的概念和方式

保证是指保证人和债权人约定，当债务人不履行债务时，保证人按照约定履行债务或者承担责任的行为。保证法律关系至少必须有三方参加，即保证人、被保证人（债务人）和债权人。

保证的方式有两种，即一般保证和连带责任保证。在具体合同中，担保方式由当事人约定，如果当事人没有约定或者约定不明确的，则按照连带责任保证承担保证责任。这是对债权人权利的有效保护。

被担保的债权既有物的担保又有人的担保的，债务人不履行到期债务或者发生当事人约定的实现担保物权的情形，债权人应当按照约定实现债权；没有约定或者约定不明确，债务人自己提供物的担保的，债权人应当先就该物的担保实现债权；第三人提供物的担保的，债权人可以就物的担保实现债权，也可以要求保证人承担保证责任。提供担保的第三人承担担保责任后，有权向债务人追偿。

一般保证是指当事人在保证合同中约定，债务人不能履行债务时，由保证人承担责任的保证。一般保证的保证人在主合同纠纷未经审判或者仲裁，并就债务人财产依法强制执行仍不能履行债务前，对债权人可以拒绝承担担保责任。

连带责任保证是指当事人在保证合同中约定保证人与债务人对债务承担连带责任的保证。连带责任保证的债务人在主合同规定的债务履行期届满没有履行债务的，债权人可以要求债务人履行债务，也可以要求保证人在其保证范围内承担保证责任。

2. 保证人的资格

具有代为清偿债务能力的法人、其他组织或者公民，可以作为保证人。但是，以下组织不能作为保证人：

（1）企业法人的分支机构、职能部门。企业法人的分支机构有法人书面授权的，可以在授权范围内提供保证。

（2）国家机关。经国务院批准为使用外国政府或者国际经济组织贷款进行转贷的除外。

（3）学校、幼儿园、医院等以公益为目的的事业单位、社会团体。

3. 保证合同的内容

保证合同应包括以下内容：

（1）被保证的主债权种类、数额；

（2）债务人履行债务的期限；

（3）保证的方式；

（4）保证担保的范围；

（5）保证的期间；

（6）双方认为需要约定的其他事项。

4. 保证责任

保证合同生效后，保证人就应当在合同规定的保证范围和保证期间承担保证责任。

保证担保的范围包括主债权及利息、违约金、损害赔偿金及实现债权的费用。保证合同另有约定的，按照约定。当事人对保证担保的范围没有约定或者约定不明确的，保证人应当对全部债务承担责任。一般保证的保证人未约定保证期间的，保证期间为主债务履行期届满之日起 6 个月。

保证期间债权人与债务人协议变更主合同或者债权人许可债务人转让债务的，应当取得保证人的书面同意，否则保证人不再承担保证责任。保证合同另有约定的按照约定。

（二）抵押

1. 抵押的概念

抵押是指债务人或者第三人向债权人以不转移占有的方式提供一定的财产作为抵押物，用以担保债务履行的担保方式。债务人不履行到期债务时，或者发生当事人约定的实现抵押权的情形时，债权人有权依照法律规定以抵押物折价或者从变卖抵押物的价款中优先受偿。其中债务人或者第三人称为抵押人，债权人称为抵押权人，提供担保的财产为抵押物。

2. 抵押物

债务人或者第三人提供担保的财产为抵押物。由于抵押物是不转移占有的，因此能够成为抵押物的财产必须具备一定的条件。这类财产轻易不会灭失，且其所有权的转移应当经过一定的程序。下列财产可以作为抵押物：

（1）建筑物和其他土地附着物；

（2）建设用地使用权；

（3）以招标、拍卖、公开协商等方式取得的荒地等土地承包经营权；

（4）生产设备、原材料、半成品、产品；

（5）正在建造的建筑物、船舶、航空器；

（6）交通运输工具；

（7）法律、行政法规未禁止抵押的其他财产。

以建筑物抵押的，该建筑物占用范围内的建设用地使用权一并抵押。以建设用地使用权抵押的，该土地上的建筑物一并抵押。抵押人未一并抵押的，未抵押财产视为一并抵押。但下列财产不得抵押：

（1）土地所有权；

（2）耕地、宅基地、自留地、自留山等集体所有的土地使用权，但法律规定可以抵押的除外；

（3）学校、幼儿园、医院等以公益为目的的事业单位、社会团体的教育设施、医疗卫生设施和其他社会公益设施；

（4）所有权、使用权不明或者有争议的财产；

（5）依法被查封、扣押、监管的财产；

（6）依法不得抵押的其他财产。

当事人以建筑物和其他土地附着物，建设用地使用权，以招标、拍卖、公开协商等方式取得的荒地等土地承包经营权的土地使用权，正在建造的建筑物抵押的，应当办理抵押登记。抵押权自登记时设立。当事人以生产设备、原材料、半成品、产品，交通运输工具，或者正在建造的船舶、航空器抵押的，抵押权自抵押合同生效时设立；未经登记，不得对抗善意第三人。

3. 抵押的效力

抵押担保的范围包括主债权及利息、违约金、损害赔偿金和实现抵押权的费用。当事人也可以约定抵押担保的范围。

抵押人有义务妥善保管抵押物并保证其价值。抵押期间，抵押人经抵押权人同意转让抵押财产的，应当将转让所得的价款向抵押权人提前清偿债务或者提存。转让的价款超过债权数额的部分归抵押人所有，不足部分由债务人清偿。抵押期间，抵押人未经抵押权人同意，不得转让抵押财产，但受让人代为清偿债务消灭抵押权的除外。

抵押权与其担保的债权同时存在，抵押权不得与债权分离而单独转让或者作为其他债权的担保。

4. 最高额抵押权

为担保债务的履行，债务人或者第三人对一定期间内将要连续发生的债权提供担保财产的，债务人不履行到期债务或者发生当事人约定的实现抵押权的情形，抵押权人有权在最高债权额限度内就该担保财产优先受偿。最高额抵押权设立前已经存在的债权，经当事人同意，可以转入最高额抵押担保的债权范围。

5. 抵押权的实现

债务人不履行到期债务或者发生当事人约定的实现抵押权的情形，抵押权人可以与抵押人协议以抵押财产折价或者以拍卖、变卖该抵押财产所得的价款优先受偿。协议损害其他债权人利益的，其他债权人可以在知道或者应当知道撤销事由之日起一年内请求人民法院撤销该协议。抵押权人与抵押人未就抵押权实现方式达成协议的，抵押权人可以请求人民法院拍卖、变卖抵押财产。抵押财产折价或者变卖的，应当参照市场价格。抵押物折价或者拍卖、变卖后，其价款超过债权数额的部分归抵押人所有，不足部分由债务人清偿。

同一财产向两个以上债权人抵押的，拍卖、变卖抵押财产所得的价款依照下列规定清偿：

（1）抵押权已登记的，按照登记的先后顺序清偿；顺序相同的，按照债权比例清偿；

（2）抵押权已登记的先于未登记的受偿；

（3）抵押权未登记的，按照债权比例清偿。

（三）质押

1. 质押的概念

质押是指债务人或者第三人将其动产或权利移交债权人占有，用以担保债权履行的担保。质押后，当债务人不履行到期债务，或者发生当事人约定的实现质权的情形时，债权人依法有权就该动产或财产权利折价或以拍卖、变卖所得的价款优先得到清偿。债务人或者第三人为出质人，债权人为质权人，移交的动产或权利为质物。质权是一种约定的担保物权，以转移占有为特征。

2. 质押的分类

质押可分为动产质押和权利质押。

动产质押是指债务人或者第三人将其动产移交债权人占有,将该动产作为债权的担保。能够用作质押的动产没有限制。质权人在债务履行期届满前,不得与出质人约定债务人不履行到期债务时质押财产归债权人所有。质权自出质人交付质押财产时设立。

权利质押一般是将权利凭证交付质押人的担保。可以质押的权利包括:

(1)汇票、支票、本票;

(2)债券、存款单;

(3)仓单、提单;

(4)可以转让的基金份额、股权;

(5)可以转让的注册商标专用权、专利权、著作权等知识产权中的财产权;

(6)应收账款;

(7)法律、行政法规规定可以出质的其他财产权利。

(四)留置

留置是指债务人不履行到期债务时,债权人对已经合法占有的债务人的动产,可以留置不返还占有,并有权就该动产折价或以拍卖、变卖所得的价款优先受偿。债权人留置的动产,应当与债权属于同一法律关系,但企业之间留置的除外,同时,法律规定或者当事人约定不得留置的动产,不得留置。比如,在承揽合同中,定作方逾期不领取其定作物的,承揽方有权将该定作物折价、拍卖、变卖,并从中优先受偿。

(五)定金

定金是指当事人双方为了保证债务的履行,约定由当事人一方先行支付给对方一定数额的货币作为担保。定金的数额由当事人约定,但不得超过主合同标的额的 20%。定金合同要采用书面形式,并在合同中约定交付定金的期限,定金合同从实际交付定金之日生效。债务人履行债务后,定金应当抵作价款或者收回。给付定金的一方不履行约定债务的,无权要求返还定金;收受定金的一方不履行约定债务的,应当双倍返还定金。

三、保证在建设工程中的应用

在工程建设的过程中,保证是最为常用的一种担保方式。保证这种担保方式必须由第三人作为保证人,由于对保证人的信誉要求比较高,工程建设中的保证人往往是银行,也可能是信用较高的其他担保人,如担保公司。这种保证应当采用书面形式。

(一)施工投标保证

投标保证金是指在招标投标活动中,投标人随投标文件一同递交给招标人的一定形式、一定金额的投标责任担保。其主要保证投标人在递交投标文件后不得撤销投标文件,中标后不得无正当理由不与招标人订立合同,在签订合同时不得向招标人提出附加条件或者不按照招标文件要求提交履约保证金,否则,招标人有权不予返还其递交的投标保证金。

招标人可以在招标文件中要求投标人提交投标保证金。投标保证金除现金外,可以是银行出具的银行保函、保兑支票、银行汇票或现金支票。投标人应提交规定金额的投标保证金,并作为其投标书的一部分,数额不得超过招标项目估算价的 2%。投标人不按招标文件要求在开标前以有效形式提交投标保证金的，该投标文件将被否决。

投标保证金有效期应当与投标有效期一致，投标有效期从提交投标文件的截止之日起算。截止时间根据招标项目的情况由招标文件规定。若由于评标时间过长，而使保证到期，招标人应当通知投标人延长保函或者保证书有效期。投标保函或者保证书在评标结束之后应退还给承包商，一般有两种情况：一是未中标的投标人可向招标人索回投标保函或者保证书，以便向银行或者担保公司办理注销或使押金解冻；二是中标的投标人在签订合同时，向业主提交履约担保，招标人即可退回投标保函或者保证书。招标人最迟应当在书面合同签订后 5 日内向中标人和未中标的投标人退还投标保证金及银行同期存款利息。

下列任何情况发生时，投标保证金将被没收：一是投标人在投标函格式中规定的投标有效期内撤回其投标；二是中标人在规定期限内无正当理由未能根据规定签订合同，或根据规定接受对错误的修正；三是中标人根据规定未能提交履约保证金；四是投标人采用不正当的手段骗取中标。

（二）施工合同的履约保证

施工合同的履约保证，是为了保证施工合同的顺利履行而要求承包人提供的担保，以防止承包人在合同执行过程中违反合同规定或违约，并弥补给发包人造成的经济损失。《招标投标法》第 46 条规定："招标文件要求中标人提交履约保证金的，中标人应当提供。"

履约保证的形式有履约担保金（又叫履约保证金）、履约银行保函和履约担保书三种。履约担保金可用保兑支票、银行汇票或现金支票，一般情况下额度为合同价格的 10%；履约银行保函是中标人从银行开具的保函，额度是合同价格的 10%；履约担保书是由保险公司、信托公司、证券公司、实体公司或社会上担保公司出具担保书，担保额度是合同价格的 30%。

履约保证的担保责任，主要是担保投标人中标后，将按照合同规定，在工程全过程，按期限按质量履行其义务。若发生下列情况，发包人有权凭履约保证向银行或者担保公司索取保证金作为赔偿：（1）施工过程中，承包人中途毁约，或任意中断工程，或不按规定施工；（2）承包人破产，倒闭。

履约保证的有效期限从提交履约保证起，一般情况到保修期满并颁发保修责任终止证书后 15 天或 14 天止。如果工程拖期，不论何种原因，承包人都应与发包人协商，并通知保证人延长保证有效期，防止发包人借故提款。

履约保证金不同于定金，履约保证金的目的是担保承包商完全履行合同，主要担保工期和质量符合合同的约定。承包商顺利履行完毕自己的义务，招标人必须全额返还承包商。履约保证金的功能，在于承包商违约时，赔偿招标人的损失，也即如果承包商违约，将丧失收回履约保证金的权利，并且不以此为限。如果约定了双倍返还或具有定金独特属性的内容，符合定金法则，则是定金；如果没有出现"定金"字样，也没有明确约定适用定金性质的处罚之类的约定，已经交纳的履约保证金，就不是定金，则不能适用定金罚则。

（三）施工预付款担保

预付款担保是指承包人与发包人签订合同后，承包人正确、合理使用发包人支付的预付款的担保。建设工程合同签订以后，发包人给承包人一定比例的预付款，但需由承包人的开户银行向发包人出具预付款担保，金额应当与预付款金额相同。

预付款担保的主要形式为银行保函。其主要作用是保证承包人能够按合同规定进行施工，偿还发包人已支付的全部预付金额。预付款在工程的进展过程中每次结算工程款（中间支付）分次返还时，经发包人出具相应文件后，担保金额也应当随之减少。

如果承包人中途毁约，中止工程，使发包人不能在规定期限内从应付工程款中扣除全部预付款，则发包人作为保函的受益人有权凭预付款担保向银行索赔该保函的担保金额作为补偿。

第四节　工 程 保 险

一、保险与保险合同

（一）保险与危险

保险是指投保人根据合同约定，向保险人支付保险费，保险人对于合同约定的可能发生的事故因其发生所造成的财产损失承担赔偿保险金责任，或者当被保险人死亡、伤残、疾病或者达到合同约定的年龄、期限时承担给付保险金责任的商业保险行为。保险是一种受法律保护的分散危险、消化损失的法律制度。保险的目的是为了分散危险，因此，危险的存在是保险产生的前提。保险制度上的危险是一种损失发生的不确定性，其表现为：（1）发生与否的不确定性；（2）发生时间的不确定性；（3）发生后果的不确定性。

（二）保险合同的概念

保险合同是指投保人与保险人约定保险权利义务关系的协议。投保人是指与保险人订立保险合同，并按照保险合同负有支付保险费义务的人。保险人是指与投保人订立保险合同，并承担赔偿或者给付保险金责任的保险公司。

保险合同在履行中还会涉及被保险人和受益人的概念。被保险人是指其财产或者人身受保险合同保障，享有保险金请求权的人，投保人可以为被保险人。受益人是指人身保险合同中由被保险人或者投保人指定的享有保险金请求权的人，投保人、被保险人可以为受益人。

保险合同一般是以保险单的形式订立的。

（三）保险合同的分类

1. 财产保险合同

财产保险合同是以财产及其有关利益为保险标的的保险合同。在财产保险合同中，保险合同的转让应当通知保险人，经保险人同意继续承保后，依法转让合同。在合同的有效期内，保险标的危险程度增加的，被保险人按照合同约定应当及时通知保险人，保险人有权要求增加保险费或者变更保险合同。

建筑工程一切险和安装工程一切险即为财产保险合同。

2. 人身保险合同

人身保险合同是以人的寿命和身体为保险标的的保险合同。投保人应向保险人如实申报被保险人的年龄、身体状况。投保人于合同成立后，可以向保险人一次支付全部保险费，也可以按照合同规定分期支付保险费。人身保险的受益人由被保险人或者投保人指定。保险人对人身保险的保险费，不得用诉讼方式要求投保人支付。

二、工程建设涉及的主要险种

工程建设由于涉及的法律关系较为复杂，风险也较为多样，因此，工程建设涉及的险种也较多。主要包括：建筑工程一切险（及第三者责任险）、安装工程一切险（及第三者责任险）、机器损坏险、机动车辆险、人身意外伤害险、货物运输险等。但狭义的工程险则是针对工程的保险，则只有建筑工程一切险（及第三者责任险）和安装工程一切险（及第三者责任险），其他险种则并非专门针对工程的保险。由于工程安全事关国计民生，许多国家对工程险有强制性投保的规定。

（一）建筑工程一切险（及第三者责任险）

建筑工程一切险是承保各类民用、工业和公用事业建筑工程项目，包括道路、桥梁、水坝、港口等，在建造过程中因自然灾害或意外事故而引起的一切损失的险种。因在建工程抗灾能力差，危险程度高，一旦发生损失，不仅会对工程本身造成巨大的物质财富损失，甚至可能殃及邻近人员与财物。因此，建筑工程一切险作为转移工程风险，是取得经济保障的有效手段，受到广大工程业主、承包商、分包商等工程有关人士的青睐。随着各种新建、扩建、改建工程项目日益增多，与之相适应，需要更多全方位、多层次、高水平的工程保险服务，许多保险公司已经开设了这一保险。

建筑工程一切险往往还加保第三者责任险。第三者责任险是指凡工程期间的保险有效期内因工地上发生意外事故造成工地及邻近地区的第三者人身伤亡或财产损失，依法应由被保险人承担的经济赔偿责任。

1. 投保人与被保险人

在国外，建筑工程一切险的投保人一般是承包商。如 FIDIC 的《施工合同条件》要求，承包商以承包商和业主的共同名义对工程及其材料、配套设备装置投保保险。住房和城乡建设部、国家工商行政管理总局发布的《建设工程施工合同（示范文本）》GF—2017—0201 规定，工程开工前，发包人应当为建设工程办理保险，支付保险费用。因此，采用《建设工程施工合同（示范文本）》GF—2017—0201 应当由发包人投保建筑工程一切险。2007 年 11 月 1 日国家发展改革委、财政部、建设部等九部委联合发布的《标准施工招标文件》（2007 年版），在其通用合同条款中规定，除专用合同条款另有约定外，承包人应以发包人和承包人的共同名义向双方同意的保险人投保建筑工程一切险、安装工程一切险。

建筑工程一切险的被保险人则范围较宽，所有在工程进行期间，对该项工程承担一定风险的有关各方（即具有可保利益的各方），均可作为被保险人。如果被保险人不止一家，则各家接受赔偿的权利以不超过其对保险标的的可保利益为限。被保险人具体包括：（1）业主或工程所有人；（2）承包商或者分包商；（3）技术顾问，包括业主聘用的建筑师、工程师及其他专业顾问。

2. 责任范围

保险人对下列原因造成的损失和费用负责赔偿：（1）自然灾害，指地震、海啸、雷电、飓风、台风、龙卷风、风暴、暴雨、洪水、水灾、冻灾、冰雹、地崩、山崩、雪崩、火山爆发、地面下陷下沉及其他人力不可抗拒的破坏力强大的自然现象；（2）意外事故，指不可预料的以及被保险人无法控制并造成物质损失或人身伤亡的突发性事件，包括火灾和爆炸。

3. 除外责任

保险人对下列各项原因造成的损失不负责赔偿：（1）设计错误引起的损失和费用；（2）自然磨损、内在或潜在缺陷、物质本身变化、自燃、自热、氧化、锈蚀、渗漏、鼠咬、虫蛀、大气（气候或气温）变化、正常水位变化或其他渐变原因造成的保险财产自身的损失和费用；（3）因原材料缺陷或工艺不善引起的保险财产本身的损失以及为换置、修理或矫正这些缺点错误所支付的费用；（4）非外力引起的机械或电气装置的本身损失，或施工用机具、设备、机械装置失灵造成的本身损失；（5）维修保养或正常检修的费用；（6）档案、文件、账簿、票据、现金、各种有价证券、图表资料及包装物料的损失；（7）盘点时发现的短缺；（8）领有公共运输行驶执照的，或已由其他保险予以保障的车辆、船舶和飞机的损失；（9）除非另有约定，在保险工程开始以前已经存在或形成的位于工地范围内或其周围的属于被保险人的财产的损失；（10）除非另有约定，在本保险单保险期限终止以前，保险财产中已由工程所有人签发完工验收证书或验收合格或实际占有或使用或接受的部分。

4. 第三者责任险

建筑工程一切险如果加保第三者责任险，则保险人对下列原因造成的损失和费用，负责赔偿：（1）在保险期限内，因发生与所保工程直接相关的意外事故引起工地内及邻近区域的第三者人身伤亡、疾病或财产损失；（2）被保险人因上述原因而支付的诉讼费用以及事先经保险人书面同意而支付的其他费用。

5. 赔偿金额

保险人对每次事故引起的赔偿金额以法院或政府有关部门根据现行法律裁定的应由被保险人偿付的金额为准，但在任何情况下，均不得超过保险单明细表中对应列明的每次事故赔偿限额。在保险期限内，保险人经济赔偿的最高赔偿责任不得超过本保险单明细表中列明的累计赔偿限额。

6. 保险期限

建筑工程一切险的保险责任自保险工程在工地动工或用于保险工程的材料、设备运抵工地之时起始，至工程所有人对部分或全部工程签发完工验收证书或验收合格，或工程所有人实际占用或使用或接受该部分或全部工程之时终止，以先发生者为准。但在任何情况下，保险人承担损害赔偿义务的期限不超过保险单明细表中列明的建筑期保险终止日。

（二）安装工程一切险（及第三者责任险）

安装工程一切险是承保安装机器、设备、储油罐、钢结构工程、起重机、吊车以及包含机械工程因素的各种建造工程的险种。由于科学技术日益进步，现代工业的机器设备已进入电子计算机操纵的时代。工艺精密、构造复杂、技术高度密集、价格十分昂贵。在安装、调试机器设备的过程中遇到自然灾害和意外事故的发生都会造成巨大的经济损失。传统的财产保险适应不了现代安装工程的需要。因此，在保险市场上逐渐发展成一种保障广泛、专业性强的综合性险种——安装工程一切险，以保障机器设备在安装、调试过程中，被保险人可能遭受的损失能够得到经济补偿。

安装工程一切险往往还加保第三者责任险。安装工程一切险的第三者责任负责被保险人在保险期限内，因发生意外事故，造成在工地及邻近地区的第三者人身伤亡、疾病或财产损失，依法应由被保险人赔偿的经济损失，以及因此而支付的诉讼费用和经保险人书面同意支付的其他费用。

1. 责任范围

保险人对下列原因造成的损失和费用负责赔偿：（1）自然灾害，指地震、海啸、雷电、飓风、台风、龙卷风、风暴、暴雨、洪水、水灾、冻灾、冰雹、地崩、山崩、雪崩、火山爆发、地面下陷下沉及其他人力不可抗拒的破坏力强大的自然现象；（2）意外事故，指不可预料的以及被保险人无法控制并造成物质损失或人身伤亡的突发性事件，包括火灾和爆炸。

2. 除外责任

保险人对下列各项原因造成的损失不负责赔偿：（1）因设计错误、铸造或原材料缺陷或工艺不善引起的保险财产本身的损失以及为换置、修理或矫正这些缺点错误所支付的费用；（2）由于超负荷、超电压、碰线、电弧、漏电、短路、大气放电及其他电气原因造成电气设备或电气用具本身的损失；（3）施工用机具、设备、机械装置失灵造成的本身损失；（4）自然磨损、内在或潜在缺陷、物质本身变化、自燃、自热、氧化、锈蚀、渗漏、鼠咬、虫蛀、大气（气候或气温）变化、正常水位变化或其他渐变原因造成的保险财产自身的损失和费用；（5）维修保养或正常检修的费用；（6）档案、文件、账簿、票据、现金、各种有价证券、图表资料及包装物料的损失；（7）盘点时发现的短缺；（8）领有公共运输行驶执照的，或已由其他保险予以保障的车辆、船舶和飞机的损失；（9）除非另有约定，在保险工程开始以前已经存在或形成的位于工地范围内或其周围的属于被保险人的财产的损失；（10）除非另有约定，在保险期限终止以前，保险财产中已由工程所有人签发完工验收证书或验收合格或实际占有或使用或接受的部分。

3. 保险期限

安装工程一切险的保险期限，通常应以整个工期为保险期限。一般是从被保险项目被卸至施工地点时起生效到工程预计竣工验收交付使用之日止。如验收完毕先于保险单列明的终止日，则验收完毕时保险期也终止。

（三）施工企业职工意外伤害险

《建筑法》规定，鼓励建筑施工企业为从事危险作业的职工办理意外伤害保险，支付保险费。如果施工企业办理意外伤害保险，具体险种与合同条款，可以与保险人协商，但施工企业一般办理团体意外伤害险——建筑施工人员团体意外伤害险。凡年满16周岁（含16周岁，下同）至65周岁、能够正常工作或劳动、从事建筑管理或作业、并与施工企业建立劳动关系的人员均可作为被保险人。施工企业或其他对被保险人具有保险利益的团体均可作为投保人。按被保险人人数投保时，其投保人数必须占约定承保团体人员的75％以上，且投保人数不低于5人。

1. 责任范围

团体意外伤害保险合同的保险责任一般包括身故保险责任和伤残保险责任。在保险期间内，被保险人从事建筑施工及与建筑施工相关的工作时，或在施工现场及施工指定的生活区域内遭受意外伤害，保险人依下列约定给付保险金，且给付各项保险金之和不超过保险金额：

（1）被保险人自意外伤害发生之日起180日内因该事故死亡的，保险人按保险金额给付死亡保险金，本保险合同对该被保险人的保险责任终止。被保险人因遭受意外伤害事故且自该事故发生日起下落不明，后经人民法院宣告死亡的，保险人按保险金额给付身故保险金。但若被保险人被宣告死亡后生还的，保险金受领人应于知道或应当知道被保险人生还后 30 日内退还保险人给付的身故保险金。

（2）被保险人因遭受意外伤害事故，并自事故发生之日起 180 日内因该事故造成保险合同所列残疾程度之一者，保险人按该表所列给付比例乘以保险金额给付残疾保险金。如第 180 日治疗仍未结束的，按第 180 日的身体情况进行残疾鉴定，并据此给付残疾保险金。

2. 责任免除

因下列原因造成被保险人身故、残疾的，保险人不承担给付保险金责任：（1）投保人的故意行为；（2）被保险人自致伤害或自杀，但被保险人自杀时为无民事行为能力人的除外；（3）因被保险人挑衅或故意行为而导致的打斗、被袭击或被谋杀；（4）被保险人妊娠、流产、分娩、疾病、药物过敏；（5）被保险人接受整容手术及其他内、外科手术导致的医疗事故；（6）被保险人未遵医嘱，私自服用、涂用、注射药物；（7）被保险人因遭受意外伤害以外的原因失踪而被法院宣告死亡者；（8）任何生物、化学、原子能武器，原子能或核能装置所造成的爆炸、灼伤、污染或辐射；（9）恐怖袭击。

被保险人在下列期间遭受意外伤害导致身故、残疾的，保险人也不承担给付保险金责任：（1）战争、军事行动、暴动或武装叛乱等其他类似情况期间；（2）被保险人从事非法、犯罪活动期间；（3）被保险人醉酒或受毒品、管制药物的影响期间；（4）被保险人酒后驾驶、无有效驾驶证驾驶或驾驶无有效行驶证的机动车或无有效资质操作施工设备期间。

发生上述情形，被保险人身故的，保险人对该被保险人的保险责任终止，并对投保人按日计算退还该被保险人的未满期净保险费。

3. 保险期间

按照被保险人人数计收保险费的，保险期间为 1 年或根据施工项目期限的长短确定。保险期间自保险人同意承保、收取保险费并签发保险单的次日零时起至约定的终止日的 24 时止。保险期间在保险单中列明。按照建筑工程项目总造价或建筑施工总面积计收保险费的，保险期间自施工工程项目被批准正式开工，并且投保人已交付保险费的次日（或约定保险期间开始之日）零时起，至施工合同规定的工程竣工之日止。保险期间在保险单中列明。

提前竣工的，保险责任自行终止。工程因故延长工期或停工，需书面通知保险人并办理保险期间顺延手续。工程停工期间，保险责任中止，保险人不承担保险责任。工程重新开工后，投保人可书面申请恢复保险合同效力，但累计有效保险期间不得超过保险合同对保险期间的约定。保险合同期间届满，工程仍未竣工的，需办理续保手续。

三、保险合同管理

（一）投保决策

保险决策主要表现在两个方面：是否投保和选择保险人。

针对工程建设的风险，可以自留也可以转移。在进行这一决策时，需要考虑期望损失与风险概率、机会成本、费用等因素。例如：期望损失与风险发生的概率高，则尽量避免风险自留。如果机会成本高，则可以考虑风险自留。当决定将工程建设的风险进行转移后，还需要决策是否投保。风险转移的方法包括保险风险转移和非保险风险转移。非保险风险转移是指通过各种合同将本应由自己承担的风险转移给他人，例如：设备租赁、房屋出租等。保险风险转移是指通过购买保险的办法将风险转移给保险公司或者其他保险机构。在许多国家，强制规定承包商必须投保建筑工程一切险（包括第三者责任险）、安装工程一切险（包括第三者责任险）。在这些国家对于必须要求保险的险种，建设工程的主体是没有投保决策问题的。但是，在没有强制性保险规定的国家或者针对没有强制性保险规定的险种，则存在投保决策的问题。当一个项目的风险无法回避，风险自留的损失高于保险的成本时，应当进行投保。在比较风险自留的损失和保险的成本时，可以采用定量的计算方法。

在进行选择保险人决策时，一般至少应当考虑安全、服务、成本这三项因素。安全是指保险人在需要履行承诺时的赔付能力。保险人的安全性取决于保险人的信誉、承保业务的大小、盈利能力、再保险机制等。保险人的服务也是一项必须考虑的因素，在工程保险中，好的服务能够减少损失、公平合理地得到索赔。决定保险成本的最主要因素则是保险费率，当然也要考虑到资金的时间价值。在进行决策时应当选择安全性高、服务质量好、保险成本低的保险人。

（二）保险合同当事人的管理义务

保险合同订立后，当事人双方必须严格地、全面地按保险合同订立的条款履行各自的义务。在订立保险合同前，当事人双方均应履行告知义务。即保险人应将办理保险的有关事项告知投保人；投保人应当按照保险人的要求，将主要危险情况告知保险人。在保险合同订立后，投保人应按照约定期限，交纳保险费，应遵守有关消防、安全、生产操作和劳动保护方面的法规及规定。保险人可以对被保险财产的安全情况进行检查，如发现不安全因素，应及时向投保人提出清除不安全因素的建议。在保险事故发生后，投保人有责任采取一切措施，避免扩大损失，并将保险事故发生的情况及时通知保险人。保险人对保险事故所造成的保险标的损失或者引起的责任，应当按照保险合同的规定履行赔偿或给付责任。

对于保险标的损坏的，保险人可以选择赔偿或者修理。如果选择赔偿，保险事故发生后，保险人已支付了全部保险金额，并且保险金额相等于保险价值的，受损保险标的的全部权利归于保险人；保险金额低于保险价值的，保险人按照保险金额与投保时该保险标的的价值取得保险标的的部分权利。

（三）保险索赔

对于投保人而言，保险的根本目的是发生灾难事件时能够得到补偿，而这一目的必须通过索赔实现。

（1）工程投保人在进行保险索赔时，必须提供必要的、有效的证明作为索赔的依据。证据应当能够证明索赔对象及索赔人的索赔资格，证明索赔能够成立且属于保险人的保险责任。这就要求投保人在日常的管理中注意证据的收集和保存；当保险事件发生后更应注意证据收集，有时还需要有关部门的证明。索赔的证据包括保单、建设工程合同、事故照片、鉴定报告、保单中规定的证明文件。

（2）投保人应当及时提出保险索赔，这不仅与索赔的成功与否有关，也与索赔是否能够获得的补偿和索赔的难易有关。因为资金有时间价值，如果保险事件发生后很长时间才取得索赔，即使是全额赔偿也不足以补偿自己的全部损失。时间一长，不论是索赔人的取证还是保险人的理赔都会增加很大的难度。

（3）要计算损失大小。如果保险单上载明的保险财产全部损失，则应当按照全损进行保险索赔。如果财产虽然没有全部毁损或者灭失，但其损坏程度已经达到无法修理，或者虽然能够修理但修理费将超过赔偿金额，都应当按照全损进行索赔。如果保险单上载明的保险财产没有全部损失，则应当按照部分损失进行保险索赔。如果一个建设项目同时由多家保险公司承保，则只能按照约定的比例分别向不同的保险公司提出索赔要求。

思 考 题

1. 为什么鼓励应根据标准示范文本编制招标文件和合同条件？

2. 单价合同、总价合同和成本加酬金合同各有哪些特点？应如何选择？

3. 建设工程合同评审工作的主要内容有哪些？

4. 如何正确处理合同履行中发生的合同变更和索赔？

5. 合同法律关系由哪些要素构成？

6. 法人应当具备哪些条件？

7. 代理的特征有哪些？代理的种类有哪些？

8. 担保的方式有哪些？

9. 哪些组织不能作为保证人？

10. 建筑工程一切险的责任范围有哪些？

第二章　建设工程勘察设计招标

第一节　工程勘察设计招标特征及方式

所谓工程勘察设计招标，是指在市场经济条件下进行工程勘察设计服务采购时采用的一种交易方式。在这种交易方式下，通常由工程勘察设计服务的采购方作为招标人，通过发布招标公告或投标邀请书等方式发出招标采购信息，提出所采购工程勘察设计服务的条件和要求，表明将选择最能够满足采购方要求的工程勘察设计服务提供方并与之签订合同的意向；由有意向提供工程勘察设计服务的各方书面提出拟提供的工作方案、报价、人员及其他响应招标要求的条件，参加投标竞争；经招标人对各投标人的方案、报价及其他条件进行审查比较后，从中择优选定中标人，并与其签订工程勘察设计服务合同。

一、工程勘察设计招标特征

工程勘察和工程设计是项目规划建设过程中十分重要的环节。所谓"工程勘察"是根据建设项目的要求，查明、分析、评价建设场地的地质地理环境特征和岩土工程条件，编制建设工程勘察文件的活动。所谓"工程设计"是根据建设项目的要求，对建设工程所需的技术、经济、资源、环境等条件进行综合分析、论证，编制建设工程设计文件的活动。

勘察、设计工作成果的优劣对项目建设目标的实现以及项目未来的运营、维护和使用有着决定性影响，因此，一般应通过招标的方式择优确定勘察和设计单位。勘察设计招标的标的物是智力成果，即建设项目勘察、设计方案，以建设工程设计招标为例，设计招标文件要说明工程项目的实施条件、预期达到的技术经济指标、投资限额、进度要求等，投标人则应根据招标文件的要求提出工程项目的构思方案、实施计划和报价，招标人通过评标对各方案进行比选，最终确定中标人。

与施工招标、材料设备采购招标比较而言，工程勘察设计招标主要具有如下特征：

（1）在招标标的物特征上，勘察设计是工程建设项目前期最为重要的工作内容，设计阶段是决定建设项目性能，优化和控制工程质量及工程造价最关键、最有利的阶段，设计成果将对工程建设和项目交付使用后的综合效益起重要作用。与施工和材料设备投标报价相比，虽然设计投标报价占项目总投资额的比例不大，但设计方案对工程项目往往更具全局性、长效性和创新性影响。

（2）在招标工作性质上，与材料设备采购招标相比，一方面，勘察设计招标是专业服务性质的招标，设计工作对技术要求高，常常只有数量有限的单位满足要求；另一方面，工程设计从前期准备到后续服务跨越的周期长，成果的内容和质量具有较大的不确定性，设计方案的优劣往往需要经过较长时间的检验，不易在短期内准确地量化评判。

（3）在招标条件上，勘察设计招标通常只能向潜在投标人提供项目概况、功能要求等工程前期的初步性基础资料，更多还要依赖投标单位专业设计人员发挥技术专长和创造力，提供智力成果；且无具体量化的工作量，灵活性较大。而施工招标一般都有明确而具体的要求，投标人可以按招标文件中提供的设计图纸和工程量清单编制响应明确的投标方案，灵活性较小。

（4）在招标阶段划分上，与施工和材料设备招标不同，工程建设项目的设计可以按设计工作深度的不同，分期进行招标，例如对建设项目的方案设计、初步设计、施工图设计分阶段招标，逐步细化落实设计成果，并强调设计进度计划需要满足总体投资计划及配合施工安装和采购工作的要求。

（5）在投标书编制要求上，设计投标首先提出设计构思和初步方案，并论述该方案的优点和实施计划，在此基础上进一步提出报价。而不像施工招标，是按规定的工程量清单填报报价后算出总价。

（6）在开标形式上，设计招标在开标时由各投标人自己说明投标方案的基本构思和意图，以及其他实质性内容，而不是由招标单位的主持人宣读投标书并按报价高低排定标价次序。

（7）在评标原则上，设计招标在评标时，评标专家更加注重所提供设计的技术先进性、所达到的技术指标、方案的合理性，以及对工程项目投资效果的影响等方面的因素，并以此做出综合判断，招标人乐于接受的是物有所值的合理报价，而不是过于追求低报价。

（8）在投标经济补偿上，不同于施工和材料设备采购招标，设计招标可以根据具体情况，确定投标经济补偿费标准和奖励办法，对未能中标的有效投标人给予费用补偿、对选为优秀设计方案的投标人给予奖励。

（9）在知识产权保护上，设计投标文件的技术方案是设计人员的智力劳动成果的体现，与施工招标相比，设计招标更多地涉及智力成果的知识产权。设计招标人如果要采用未中标人投标文件中的技术方案，应保护其知识产权，征得未中标人的书面同意并给予合理的使用费。

二、工程勘察设计招标方式

（一）工程勘察设计招标方式的分类

按照不同的分类形式，工程勘察设计招标可分为如下方式：

1. 公开招标和邀请招标

建设工程勘察、设计发包依法实行招标发包或直接发包，多以公开招标或邀请招标方式择优确定承担单位。

公开招标是招标人通过国家指定的报刊、信息网络或者其他媒体发布招标公告，邀请不特定的法人或者组织投标。邀请招标是招标人以投标邀请书的方式，邀请3个以上具有相应资质、具备承担招标项目勘察设计能力的、资信良好的特定法人或组织投标。

招标公告或投标邀请书应当载明招标人名称和地址、招标项目的基本要求、投标人的资质要求以及获取招标文件的办法等事项。

比较而言，公开招标的优点是：所有符合条件的有兴趣的单位均可以参加投标，能体现出公开、公平、公正的招标原则，有利于实现充分竞争。其缺点是：招标人事先难以预计有哪些投标人、投标人的数量有多少；招标人可能不熟悉某些投标人的情况；招标人所期待的投标人可能并未参加投标等。

邀请招标的优点是：招标人对所有发出投标邀请书的投标单位的信用和能力均予信任；投标人及投标人的数量事先可以确定；缩短了招投标周期；评标工作量小。其缺点是：由于邀请参加投标的单位数量有限，一些符合条件的潜在竞争者可能未能在邀请之列，而漏掉更具优势的单位；不能充分体现公开竞争、机会均等的原则。

根据国家发展和改革委员会 2018 年发布的《必须招标的工程项目规定》和《必须招标的基础设施和公用事业项目范围规定》，对纳入所规定范围的项目勘察、设计等服务的采购，单项合同估算价在 100 万元人民币以上的，必须进行招标。

根据《招投标法实施条例》，国有资金占控股或者主导地位的依法必须进行招标的项目，应当公开招标；但有下列情形之一的，可以邀请招标：

（1）技术复杂、有特殊要求或者受自然环境限制，只有少量潜在投标人可供选择；

（2）采用公开招标方式的费用占项目合同金额的比例过大。

2. 一次性招标和分阶段招标

招标人可以依据工程建设项目的不同特点，实行勘察设计一次性总体招标；也可以在保证项目完整性、连续性的前提下，按照技术要求实行分段或分项招标。

根据住房和城乡建设部 2017 年发布的《建筑工程设计招标投标管理办法》，国家鼓励建筑工程实行设计总包，实行设计总包的，按照合同约定或经招标人同意，设计单位可以不通过招标的方式将建筑工程非主体部分的设计进行分包。招标人一般应当将建筑工程的方案设计、初步设计和施工图设计一并招标，如确需另行选择设计单位承担初步设计、施工图设计，应当在招标公告或者投标邀请书中明确。

招标人还可以对项目的勘察、设计、施工以及与工程建设有关的重要设备、材料的采购，实行 EPC 总承包招标，或设计-施工总承包招标等不同形式。

根据 2019 年国家发展和改革委员会联合住房和城乡建设部印发的《关于推进全过程工程咨询服务发展的指导意见》，为满足建设单位对综合性、跨阶段、一体化工程咨询服务的需要，招标人还可进行建设项目全过程工程咨询招标，即通过招标选择咨询单位提供招标代理、勘察、设计、监理、造价、项目管理等全过程咨询服务，或跨阶段咨询服务组合，或同一阶段内不同类型的咨询服务组合，为项目决策、实施和运营全生命周期提供局部或整体解决方案以及技术和管理服务。

3. 设计方案招标和设计团队招标

根据住房和城乡建设部发布的《建筑工程设计招标投标管理办法》，对建筑工程设计招标，招标人可以根据项目特点和实际需要，选择采用设计方案招标或设计团队招标。

设计方案招标，是指主要通过对投标人提交的设计方案进行评审确定中标人。即评标委员会应当在符合城乡规划、城市设计以及安全、绿色、节能、环保要求的前提下，重点对设计方案的功能、技术、经济和美观等进行评审。

设计团队招标，是指主要通过对投标人拟派设计团队的综合能力进行评审确定中标人。即评标委员会应当对投标人拟从事项目设计的人员构成、人员业绩、人员从业经历、项目解读、设计构思、投标人信用情况和业绩等进行评审。

4. 传统招标和电子招标

工程勘察设计招投标可以沿用传统的招投标模式，即发放纸质招标文件，各投标人编制纸质投标文件，在招标文件规定的时间和地点提交纸质投标文件，评标委员会根据各投标人提供的纸质投标文件进行评标。

从发展趋势看，国家鼓励利用信息网络进行电子招标投标，所谓电子招标投标是指以数据电文形式，依托电子招标投标系统完成的全部或者部分招标投标交易活动，数据电文形式与纸质形式的招标投标活动具有同等法律效力。具体而言，可通过互联网发布招标信息和招标文件、接受潜在投标人网上资格预审申请和投标报价、网上开标、局域网评标定标以及公布中标结果和电子支付，并如实记载交易全过程，实现招标投标的电子化、网络化。电子招投标有利于发挥高效便捷、低成本的优势，以电子文档替代纸质文档，节约资源并环保，同时提高了招标工作的透明度。

（二）可以不进行招标的情形

根据招标投标相关法规及国家发展和改革委员会、工业和信息化部、财政部、住房和城乡建设部、交通运输部、铁道部、水利部、国家广播电影电视总局、中国民用航空总局九部委2013年修订的《工程建设项目勘察设计招标投标办法》，按照国家规定需要履行项目审批、核准手续的依法必须进行招标的项目，有下列情形之一的，经项目审批、核准部门审批、核准，项目的勘察设计可以不进行招标：

（1）涉及国家安全、国家秘密、抢险救灾或者属于利用扶贫资金实行以工代赈、需要使用农民工等特殊情况，不适宜进行招标；

（2）主要工艺、技术采用不可替代的专利或者专有技术，或者其建筑艺术造型有特殊要求；

（3）采购人依法能够自行勘察、设计；

（4）已通过招标方式选定的特许经营项目投资人依法能够自行勘察、设计；

（5）技术复杂或专业性强，能够满足条件的勘察设计单位少于3家，不能形成有效竞争；

（6）已建成项目需要改、扩建或者技术改造，由其他单位进行设计影响项目功能配套性；

（7）国家规定其他特殊情形。

第二节 工程勘察设计招标主要工作内容

工程勘察设计招标的主要环节有：在具备勘察设计招标条件后发布招标公告或发出投标邀请书、投标单位资格预审、编制和发售招标文件、组织踏勘现场等。

一、工程勘察设计招标应具备的条件

根据现行规定，依法必须进行勘察设计招标的工程建设项目，在招标时应当具备下列条件：

（1）招标人已经依法成立；

（2）按照国家有关规定需要履行项目审批、核准或备案手续的，已经审批、核准或备案；

（3）勘察设计有相应资金或者资金来源已经落实；

（4）所必需的勘察设计基础资料已经收集完成；

（5）法律法规规定的其他条件。

二、招标公告和投标邀请书

根据国家发展和改革委员会、工业和信息化部、住房和城乡建设部、交通运输部、水

利部、商务部、国家新闻出版广电总局、国家铁路局、中国民用航空局九部委 2017 年联合印发的《标准勘察招标文件》和《标准设计招标文件》，勘察和设计招标项目在招标公告或投标邀请书中应列明如下内容：

（1）招标条件：包括项目名称、项目业主名称、招标人名称、项目审批、核准、备案机关名称及批文名称和编号、建设资金来源、出资比例、并声明该项目已经具备招标条件及采用的招标方式。

（2）项目概况与招标范围：包括招标项目的建设地点、规模、勘察设计服务期限、招标范围等。

（3）投标人资格要求：包括投标人须具备的资质要求、业绩要求、在人员及设备方面具有相应的勘察能力或人员方面具有相应的设计能力，是否接受联合体投标及如果接受联合体投标应满足的要求。

（4）技术成果经济补偿：对设计招标，应写明本次招标是否对未中标投标人投标文件中的技术成果给予经济补偿；给予经济补偿的，应写明支付经济补偿费的标准。

（5）招标文件的获取：包括获取招标文件的时间、地点（或电子招投标交易平台名称）和招标文件的售价及技术资料的押金数额。

（6）投标文件的递交：包括提交投标文件的地点、截止日期和递交的方式。

（7）联系方式：招标人、招标代理人的名称、地址、联系方式、开户银行及账号。

（8）时间：注明公布招标公告或发出投标邀请书的年月日。

对于邀请招标，应要求被邀请单位向招标人及时发出是否收到邀请书及是否参加投标的确认通知。

三、勘察设计投标人资格审查

投标人资格审查是工程项目建设勘察设计招标工作的重要环节，包括对投标单位的资格审查、对投标单位参与项目人员勘察设计能力和经验的审查。

（一）招标文件对投标人的资格要求

国家发展改革委员会等九部委联合印发的《标准勘察招标文件》和《标准设计招标文件》规定，在勘察设计招标文件中，应提出对投标人资质条件、能力和信誉的要求，包括：资质要求、财务要求、业绩要求、信誉要求、项目负责人的资格要求、其他主要人员要求、其他要求。

根据上述要求，具体提供的资格审查资料包括：投标人基本情况表、近年财务状况表、近年完成的类似勘察设计项目情况表、正在勘察设计和新承接的项目情况表、近年发生的诉讼及仲裁情况、拟委任的主要人员汇总表、拟投入本项目的主要勘察设备表。

其中"类似勘察设计项目情况表""正在勘察设计和新承接的项目情况表"中应要求列明：项目名称、项目所在地、发包人名称及地址和电话、合同价格、勘察或设计服务期限、勘察或设计内容、项目负责人、项目描述。

（二）对投标单位的资格审查

我国对从事建设工程勘察设计活动的单位，实行资质管理制度。在工程勘察设计招标过程中，招标人应审查投标人所持有的资质证书是否与招标文件的要求相一致，是否具备承担勘察设计工作的相应资格。

1. 勘察单位资质类别

根据住房和城乡建设部 2018 年修改后的《建设工程勘察设计资质管理规定》，工程勘察资质分为工程勘察综合资质、工程勘察专业资质和工程勘察劳务资质。

其中，工程勘察综合资质只设甲级；工程勘察专业资质设甲级、乙级，根据工程性质和技术特点，部分专业可以设丙级；工程勘察劳务资质不分等级。

根据规定，取得工程勘察综合资质的企业，可以承接各专业（海洋工程勘察除外）、各等级工程勘察业务；取得工程勘察专业资质的企业，可以承接相应等级相应专业的工程勘察业务；取得工程勘察劳务资质的企业，可以承接岩土工程治理、工程钻探、凿井等工程勘察劳务业务。

2. 设计单位资质类别

工程设计资质分为工程设计综合资质、工程设计行业资质、工程设计专业资质和工程设计专项资质。

其中，工程设计综合资质只设甲级；工程设计行业资质、工程设计专业资质、工程设计专项资质设甲级、乙级。根据工程性质和技术特点，个别行业、专业、专项资质可以设丙级，建筑工程专业资质可以设丁级。

取得工程设计综合资质的企业，可以承接各行业、各等级的建设工程设计业务；取得工程设计行业资质的企业，可以承接相应行业相应等级的工程设计业务及本行业范围内同级别的相应专业、专项（设计施工一体化资质除外）工程设计业务；取得工程设计专业资质的企业，可以承接本专业相应等级的专业工程设计业务及同级别的相应专项工程设计业务（设计施工一体化资质除外）；取得工程设计专项资质的企业，可以承接本专项相应等级的专项工程设计业务。

3. 单位资质许可范围内承揽业务的规定

根据《建设工程勘察设计管理条例》，建设工程勘察、设计单位应当在其资质等级许可的范围内承揽建设工程勘察、设计业务。违反规定的，责令停止违法行为，处合同约定的勘察费、设计费 1 倍以上 2 倍以下的罚款，有违法所得的，予以没收；可以责令停业整顿，降低资质等级；情节严重的，吊销资质证书。未取得资质证书承揽工程的，予以取缔，处以罚款；有违法所得的，予以没收。

发包方违反规定将建设工程勘察、设计业务发包给不具有相应资质等级的建设工程勘察、设计单位的，责令改正，处 50 万元以上 100 万元以下的罚款。

（三）勘察设计能力和经验审查

判定投标人是否具备承担勘察设计任务的能力，通常要进一步审查投标单位人员的技术力量，主要考察勘察设计负责人的资格和能力，各类勘察设计人员的专业覆盖面、人员数量和各级职称人员的比例等是否满足完成工程设计的需要。同类工程的勘察设计经验是非常重要的考察内容，招标文件通常会要求投标人报送最近几年完成的工程项目业绩表，通过考察以往完成的项目评定其勘察设计能力与水平。

四、工程勘察设计招标文件的编制

（一）勘察设计招标文件的内容及要求

勘察、设计招标文件是招标人向潜在投标人发出的要约邀请文件，是告知投标人招标项目内容、范围、数量与招标要求、投标资格要求、招标程序规则、投标文件编制与递交要求、评标标准与方法、合同条款与技术标准等招标投标活动主体必须掌握的信息和遵守的依据。招标人应当根据招标项目的特点和需要编制招标文件。

1. 勘察设计招标文件的内容

根据国家发展改革委员会等九部委联合印发的《标准勘察招标文件》和《标准设计招标文件》，勘察设计招标文件应当包括下列内容：

（1）招标公告或投标邀请书；

（2）投标人须知；

（3）评标办法；

（4）合同条款及格式；

（5）发包人要求；

（6）投标文件格式；

（7）投标人须知前附表规定的其他资料。

根据规定对招标文件所做的澄清、修改，也构成招标文件的组成部分。

2. 发包人要求

"发包人要求"是招标文件中十分重要的内容，应尽可能清晰准确，对于可以进行定量评估的工作，发包人要求不仅应明确规定其功能、用途、质量、环境、安全，并且要规定偏差的范围和计算方法，以及检验、试验、试运行的具体要求，对于勘察人或设计人负责提供有关服务，应在发包人要求中一并明确规定。发包人要求通常包括但不限于以下内容：

（1）勘察或设计要求；

（2）适用规范标准；

（3）成果文件要求；

（4）发包人财产清单；

（5）发包人提供的便利条件；

（6）勘察人或设计人需要自备的工作条件；

（7）发包人的其他要求。

其中"勘察或设计要求"一般应包括：项目概况（项目名称、建设单位、建设规模、项目地理位置、周边环境、树木情况、文物情况、地质地貌、气候及气象条件、道路交通状况、市政情况等）；勘察或设计范围及内容；勘察或设计依据；勘察基础资料或设计项目使用功能的要求；勘察人员和设备要求或设计人员要求；其他要求。

在"适用规范标准"中，应列出适用于项目的国家、行业、项目所在地规范、标准、规程名录。

在"成果文件要求"中，应说明：成果文件的组成（勘察或设计说明、图纸等）；成果文件的深度、格式、份数和载体（纸质版、电子版）要求；设计成果文件的展板、模型沙盘、动画要求；成果文件的其他要求。

在"发包人财产清单"中，应列明：发包人提供的资料；发包人提供的设备设施；发包人财产使用要求及退还要求。其中"发包人提供的资料"包括：

1）施工现场及毗邻区域内的供水、排水、供电、供气、供热、通信、广播电视等地下管线资料，气象和水文观测资料，相邻建筑物和构筑物、地下工程的有关资料，以及其他与建设工程有关的原始资料；

2）定位放线的基准点、基准线和基准标高；

3）发包人取得的有关审批、核准和备案材料，如规划许可证；

4）发包人提供的勘察资料（适用于设计招标）；

5）技术标准、规范；

6）其他资料。

在招标时，编制勘察设计要求文件应做到：严谨性，文字和图表表达清晰，避免歧义或误解；完整性，明确成果的专业内容、形式和数量要求，做到工作任务和功能要求全面不遗漏；灵活性，提供一定的自由度，为投标人发挥设计的创造性留有充分的空间。

（二）工程勘察设计服务及范围要求

1. 工程勘察设计服务要求

根据国家发展改革委员会等九部委联合印发的《标准勘察招标文件》和《标准设计招标文件》，勘察服务和设计服务是勘察人和设计人按照合同约定履行的服务。

"勘察服务"包括：制订勘察纲要、进行测绘、勘探、取样和试验等，查明、分析和评估地质特征和工程条件，编制勘察报告和提供发包人委托的其他服务。

"设计服务"包括：编制设计文件和设计概算、预算、提供技术交底、施工配合、参加竣工验收或发包人委托的其他服务。

2. 工程勘察设计范围要求

勘察和设计范围包括工程范围、阶段范围和工作范围。

勘察的"工程范围"指所勘察工程的建设内容；"阶段范围"包括工程建设程序中的可行性研究勘察、初步勘察、详细勘察、施工勘察等阶段中的一个或多个阶段；"工作范围"包括工程测量、岩土工程勘察、岩土工程设计（如有）、提供技术交底、施工配合、参加试车（试运行）、竣工验收和发包人委托的其他服务中的一项或多项工作。

设计的"工程范围"指所设计工程的建设内容；"阶段范围"包括工程建设程序中的方案设计、初步设计、扩大初步（招标）设计、施工图设计等阶段中的一个或多个阶段；"工作范围"包括编制设计文件、编制设计概算、预算、提供技术交底、施工配合、参加试车（试运行）、编制竣工图、竣工验收和发包人委托的其他服务中的一项或多项工作。

具体勘察和设计范围应当根据工程范围、阶段范围和工作范围三者之间的关联内容进行确定，并在专用合同条款中约定。

（三）提出对投标文件的要求

1. 对投标文件内容的要求

根据国家发展改革委员会等九部委联合印发的《标准勘察招标文件》和《标准设计招标文件》，工程勘察、设计投标文件应包括如下内容：

（1）投标函及投标函附录；

（2）法定代表人身份证明或授权委托书；

（3）联合体协议书；

（4）投标保证金；

（5）勘察或设计费用清单；

（6）资格审查资料；

（7）勘察纲要或设计方案；

（8）投标人须知前附表规定的其他资料。

投标文件应当对招标文件有关勘察设计服务期限、发包人要求、招标范围、投标有效期等实质性内容作出响应。除投标人须知前附表另有规定外，投标有效期为90日。

2. 对勘察纲要或设计方案内容的要求

国家发展改革委员会等九部委《标准勘察招标文件》和《标准设计招标文件》规定，勘察纲要或设计方案应包括下列内容：

（1）勘察设计工程概况；

（2）勘察设计范围及内容；

（3）勘察设计依据及工作目标；

（4）勘察设计机构设置及岗位职责；

（5）勘察设计说明，勘察、设计方案；

（6）拟投入的勘察设计人员；

（7）勘察设备（适用于勘察投标）；

（8）勘察设计质量、进度、保密等保证措施；

（9）勘察设计安全保证措施；

（10）勘察设计工作重点和难点分析；

（11）对本工程勘察设计的合理化建议等。

投标文件中的勘察设计费用清单一般应包括：勘察设计费用分项名称；计算依据、过程及公式；金额；合计报价等。投标报价应包括国家规定的增值税税金。

勘察投标文件中的拟投入本项目的主要勘察设备表应列明：设备名称、型号规格、单位、数量、制造年份等。

（四）联合体和分包的规定

1. 联合体

勘察、设计投标人如采用联合体形式投标，联合体各方应按招标文件提供的格式签订联合体协议书，明确联合体牵头人和各方权利义务，并承诺就中标项目向招标人承担连带责任；由同一专业的单位组成的联合体，按照资质等级较低的单位确定资质等级；联合体各方不得再以自己的名义单独或参加其他联合体在本招标项目中投标，否则相关投标均无效。

2. 分包

投标人如拟在中标后将中标项目的非主体、非关键性勘察或设计工作进行分包，应遵守招标文件中对分包内容、分包金额和资质要求等限制性条件的规定。除投标文件中规定的非主体、非关键性设计工作外，其他工作不得分包，中标人应当就分包项目向招标人负责，接受分包的人就分包项目承担连带责任。

（五）投标保证金的规定

投标人在递交投标文件的同时，应按投标人须知前附表规定的金额、形式和规定的投标保证金格式递交投标保证金，并作为其投标文件的组成部分。境内投标人以现金或者支票形式提交的投标保证金，应当从其基本账户转出并在投标文件中附上基本账户开户证明。联合体投标的，其投标保证金可以由牵头人递交，并应符合投标人须知前附表的规定。

投标人不按要求提交投标保证金的，评标委员会将否决其投标。招标人最迟将在于中标人签订合同后五日内向未中标的投标人和中标人退还投标保证金。投标保证金以现金或者支票形式递交的，还应退还银行同期存款利息。

有下列情形之一的，投标保证金将不予退还：

（1）投标人在投标有效期内撤销投标文件；

（2）中标人在收到中标通知书后，无正当理由不与招标人订立合同；在签订合同时向招标人提出附加条件，或者不按照招标文件要求提交履约保证金。

（3）发生投标人须知前附表规定的其他可以不予退还投标保证金的情形。

《招标投标法实施条例》及国家发展改革委员会等九部委《工程建设项目勘察设计招标投标办法》规定，招标文件要求投标人提交投标保证金的，保证金数额一般不超过勘察设计估算费用的 2%，最多不超过 10 万元人民币。

（六）招标文件的澄清

根据国家发展改革委员会等九部委《标准勘察招标文件》和《标准设计招标文件》，投标人对招标文件的内容如有疑问，应按投标人须知前附表规定的时间和形式将提出的问题送达招标人，要求招标人对招标文件予以澄清。

招标人对招标文件的澄清应发给所有购买招标文件的投标人，但不指明澄清问题的来源，澄清发出的时间距投标截止时间不足 15 日的，并且澄清内容可能影响投标文件编制的，将相应延长投标截止时间。投标人收到澄清后，应按规定的时间和形式通知招标人确认已收到该澄清。除非招标人认为确有必要答复，否则招标人有权拒绝回复投标人在规定的时间后提出的任何澄清要求。

投标人或者其他利害关系人对招标文件有异议的，应当在投标截止时间 10 日前，以书面形式提出。招标人将在收到异议之日起 3 日内作出答复；作出答复前，将暂停招标投标活动。

五、组织踏勘现场

1. 踏勘现场

招标人应按招标文件规定的时间、地点，组织投标人踏勘项目现场，部分投标人未按时参加踏勘现场的，不影响踏勘现场的正常进行。

招标人在踏勘现场中介绍的工程场地和相关的周边环境情况，供投标人在编制投标文件时参考，招标人不对投标人据此作出的判断和决策负责。

投标人应自理准备和参加投标活动、踏勘现场发生的费用。

2. 投标预备会

如果投标人在招标文件中规定召开投标预备会，则投标人应按规定的时间和形式将提出的问题送达招标人，以便招标人在会议期间澄清。

投标预备会后，招标人将对投标人所提问题的澄清按规定的形式通知所有购买招标文件的投标人，该澄清内容为招标文件的组成部分。

第三节　工程勘察设计开标和评标

工程勘察、设计开标评标的主要环节有：接收投标文件、当众开标、组建评标委员会、组织评标、确定中标人、发出中标通知书、订立合同。

一、工程勘察设计的开标

（一）投标文件递交及接收

投标人应在投标人须知前附表规定的投标截止时间前在指定的地点递交投标文件；招标人收到投标文件后，向投标人出具签收凭证。对于电子招投标，则投标人通过下载招标文件的电子招标投标交易平台递交电子投标文件；投标人完成电子投标文件上传后，电子招标投标交易平台即时向投标人发出递交回执通知，递交时间以递交回执通知载明的传输完成时间为准。

（二）开标

工程勘察、设计招标的开标应当在招标文件确定的提交投标文件截止时间的同一时间公开进行，开标由招标人主持并邀请所有投标人参加。

开标时应首先检查投标文件的密封情况，再按照规定的开标顺序当众开标，公布招标项目名称、投标人名称、投标保证金的递交情况、投标报价、项目负责人、勘察设计服务期限及其他内容；如采用电子招投标，则投标人通过电子招标投标交易平台对已递交的电子投标文件进行解密，公布上述内容，并记录在案。

投标人对开标有异议的，应当在开标现场提出，招标人应当场作出答复，并制作记录。

二、工程勘察设计的评标

评标活动应遵循公平、公正、科学和择优的原则。

（一）评标委员会的组成

工程勘察、设计评标由评标委员会负责，评标委员会由招标人代表和有关专家组成。评标委员会人数为 5 人以上单数，其中技术和经济方面的专家不得少于成员总数的 2/3。建筑工程设计方案评标时，建筑专业专家不得少于技术和经济方面专家总数的 2/3。

评标委员会应当按照招标文件确定的评标标准和方法，对投标文件进行评审。评标委员会完成评标后，应当向招标人提出书面评标报告，推荐能够最大限度地满足招标文件中规定的各项综合评价标准的投标人为中标候选人。

（二）评标程序及方法

根据《建设工程勘察设计管理条例》，建设工程勘察设计评标，应当以投标人的业绩、信誉和勘察、设计人员的能力以及勘察、设计方案的优劣为依据综合评定，通常采用综合评估法。评标分为初步评审和详细评审两个阶段：由评标委员会先进行初步评审，对符合条件通过初审的投标文件，按照招标文件中规定的投标商务文件和技术文件的评价内容、因素和具体评分方法进行详细评审。

1. 初步评审

依据国家发展改革委员会等九部委《标准勘察招标文件》和《标准设计招标文件》，在初步评审阶段，应进行形式评审、资格评审和响应性评审：

（1）形式评审

形式评审因素和评审标准主要包括：审查投标人名称是否与营业执照、资质证书一致；投标函及投标函附录是否有法人代表或其委托代理人的签字或加盖单位章；投标文件格式是否符合规定；联合体投标人是否提交了符合招标文件要求的联合体协议书、明确了联合体牵头人和各方承担的连带责任；是否遵守了除招标文件明确允许提交备选投标方案外，投标人不得提交备选投标方案的规定。

（2）资格评审

资格评审因素和评审标准主要包括：审查投标人营业执照和组织机构代码证；资质要求；财务要求；业绩要求；信誉要求；项目负责人；其他主要人员；其他要求；联合体投标人；不存在禁止投标的情形等各项内容是否符合投标人须知的规定。

（3）响应性评审

响应性评审因素和评审标准主要包括：审查投标报价；投标内容；勘察或设计服务期限；质量标准；投标有效期；投标保证金；权利义务等是否符合投标人须知的规定；勘察纲要或设计方案是否符合发包人要求中的实质性要求和条件。

2. 详细评审

在详细评审阶段，评标委员会按招标文件中规定的量化因素和分值进行打分，并计算出综合评估得分。分值构成（总分 100 分）包括：

（1）资信业绩；

（2）勘察纲要或设计方案；

（3）投标报价；

（4）其他因素。

其中，资信业绩评分因素包括：信誉；类似项目业绩；项目负责人资历和业绩；其他主要人员资历和业绩；拟投入的勘察设备等。

勘察纲要或设计方案评分因素包括：勘察或设计范围及内容；依据及工作目标；机构设置及岗位职责；勘察或设计说明和方案；质量、进度、安全、保密等保证措施；工作重点和难点分析；合理化建议等。

投标报价则以偏差率为评分因素并规定相应的评分标准。评标办法中应列明评标基准价的计算方法和投标报价的偏差率计算公式。

从具体操作上，评标委员会对满足招标文件实质性要求的投标文件，应按照招标文件中规定的评分标准进行打分。如果按规定的评审因素和分值对投标文件的资信业绩、勘察纲要或设计方案、投标报价、其他因素等四个部分所计算出的得分值分别为 A、B、C、D，则：

投标人得分＝A＋B＋C＋D

应按得分由高到低的顺序推荐中标候选人，或根据招标人授权直接确定中标人。如综合评分相等时，以投标报价低的优先；投标报价也相等的，以勘察纲要或设计方案得分高的优先；如果勘察纲要或设计方案得分也相等，则按照评标办法前附表的规定确定中标候选人顺序。

评标委员会成员对需要共同认定的事项存在争议的，应当按照少数服从多数的原则作出结论。持不同意见的评标委员会成员应当在评标报告上签署不同意见及理由，否则视为同意评标报告。

（三）备选投标方案的规定

国家发展改革委员会等九部委《标准勘察招标文件》和《标准设计招标文件》规定，除投标人须知前附表规定允许外，投标人不得递交备选投标方案，否则其投标将被否决。

如允许投标人递交备选投标方案，只有中标人所递交的备选投标方案方可予以考虑。评标委员会认为中标人的备选投标方案优于其按照招标文件要求编制的投标方案的，招标人可以接受该备选投标方案。

投标人提供两个或两个以上投标报价，或者在投标文件中提供一个报价，但同时提供两个或两个以上勘察或设计方案的，视为提供备选方案。

（四）投标的否决

工程勘察、设计投标文件应当对招标文件的实质性要求和条件作出满足性或更有利于招标人的响应，否则，投标人的投标将被否决。

根据住房和城乡建设部《建筑工程设计招标投标管理办法》，有下列情形之一的，评标委员会应当否决其投标：

（1）投标文件未按招标文件要求经投标人盖章和单位负责人签字；

（2）投标联合体没有提交共同投标协议；

（3）投标人不符合国家或者招标文件规定的资格条件；

（4）同一投标人提交两个以上不同的投标文件或者投标报价，但招标文件要求提交备选投标的除外；

（5）投标文件没有对招标文件的实质性要求和条件作出响应；

（6）投标人有串通投标、弄虚作假、行贿等违法行为；

（7）法律法规规定的其他应当否决投标的情形。

评标委员会发现投标人的报价明显低于其他投标报价，使得其投标报价可能低于其个别成本的，应当要求该投标人作出书面说明并提供相应的证明材料，投标人不能合理说明或者不能提供相应证明材料的，评标委员会应当认定该投标人以低于成本报价竞标，并否决其投标。

从具体操作上，评标委员会在评审过程中的任何一个环节做出否决投标文件的决定，都意味着对投标文件的评审结果即告结束，无需再做后续评审。例如，发现因资格审查不符合被评标委员会否决的投标文件，不需要对其技术部分和商务部分做进一步评审比较。

三、确定中标人及签订合同

（一）中标人的确定

建设工程勘察、设计的招标人根据评标委员会的书面评标报告和推荐的中标候选人确定中标人，评标委员会推荐的中标候选人应当限定在1～3人，并标明排列顺序。国有资金占控股或者主导地位的依法必须招标的项目，招标人应当确定排名第一的中标候选人为中标人。排名第一的中标候选人放弃中标、因不可抗力提出不能履行合同，不按照招标文件要求提交履约保证金，或者被查实存在影响中标结果的违法行为等情形，不符合中标条件的，招标人可以按照评标委员会提出的中标候选人名单排序依次确定其他中标候选人为中标人。依次确定其他中标候选人与招标人预期差距较大，或者对招标人明显不利的，招标人可以重新招标。招标人也可以授权评标委员会直接确定中标人。

根据国家发展改革委员会等九部委《标准勘察招标文件》和《标准设计招标文件》，招标人对符合招标文件规定的未中标人的技术成果进行补偿的，招标人将按投标人须知前附表规定的标准给予经济补偿，未中标人在投标文件中声明放弃技术成果经济补偿费的除外。招标人将于中标通知书发出后30日内向未中标人支付技术成果经济补偿费。

招标人应在收到评标委员会的评标报告之日起 3 日内，按照投标人须知前附表规定的公示媒介和期限公示中标候选人，公示期不得少于 3 日。

（二）与中标人签订合同

招标人和中标人应当在中标通知书发出之日起 30 日内，根据招标文件和中标人的投标文件订立书面合同。联合体中标的，联合体各方应当共同与招标人签订合同，就中标项目向招标人承担连带责任。

中标人无正当理由拒签合同，在签订合同时向招标人提出附加条件，或者不按照招标文件要求提交履约保证金的，招标人取消其中标资格，其投标保证金不予退还；给招标人造成的损失超过投标保证金数额的，中标人还应当对超过部分予以赔偿。

发出中标通知后，招标人无正当理由拒签合同，或者在签订合同时向中标人提出附加条件的，招标人向中标人退还投标保证金，给中标人造成损失的，还应当赔偿损失。

（三）投诉

投标人或者其他利害关系人认为招标投标活动不符合法律、行政法规规定的，可以自知道或者应当知道之日起 10 日内向有关行政监督部门投诉，投诉应当有明确的请求和必要的证明材料。

思 考 题

1. 工程设计招标有哪些主要特征？
2. 工程勘察设计的招标方式有哪些？各适用于什么情况？
3. 开展工程勘察设计招标需要做好哪些准备工作？
4. 编制工程勘察设计招标文件和投标文件有哪些工作要点？
5. 对工程勘察计投标单位的资格审查应遵守哪些规定？
6. 工程勘察设计评标的评分因素应如何设置？
7. 工程勘察设计评标是通过哪些程序和方法选定中标人的？

第三章　建设工程施工招标及工程总承包招标

为了规范施工招标活动，提高资格预审文件和招标文件编制质量，促进招标投标活动的公开、公平和公正，国家发展改革委等九部委联合发布《标准施工招标资格预审文件》和《标准施工招标文件》。根据九部委《〈标准施工招标资格预审文件〉和〈标准施工招标文件〉试行规定》（2007年国家发展改革委第56号令），国务院有关行业主管部门可根据《标准施工招标文件》并结合本行业施工招标特点和管理需要，编制行业标准施工招标文件。行业标准施工招标文件和招标人编制的施工招标资格预审文件、施工招标文件，应不加修改地引用《标准施工招标资格预审文件》中的"申请人须知"（申请人须知前附表除外）、"资格审查办法"（资格审查办法前附表除外），以及《标准施工招标文件》中的"投标人须知"（投标人须知前附表和其他附表除外）、"评标办法"（评标办法前附表除外）。

此外，国家发展改革委等九部委在2012年还发布了适用于工期在12个月之内的《简明标准施工招标文件》和《标准设计施工总承包招标文件》。这些标准施工招标文件，成为各类建设工程施工招标及设计施工总承包招标的重要指导。

第一节　工程施工招标方式和程序

一、工程施工招标方式

按照竞争的开放程度不同，施工招标可分为公开招标和邀请招标两种方式。为了保障建筑市场的公开公平竞争，通常应采用公开招标。对于技术复杂、有特殊要求或者受自然环境限制，只有少量潜在投标人可供选择或采用公开招标方式的费用占项目合同金额的比例过大，可以进行邀请招标。

（一）公开招标

招标人通过新闻媒体发布招标公告，凡具备相应资质符合招标条件的法人或组织，不受地域和行业限制均可申请投标。公开招标的优点是，招标人可以在较广的范围内选择中标人，投标竞争激烈，有利于将工程项目的建设交予可靠的中标人实施并取得有竞争性的报价。但其缺点是，由于申请投标人较多，一般要设置资格预审程序，而且评标的工作量也较大，所需招标时间长，费用高。

（二）邀请招标

招标人向预先选择的若干具备相应资质、符合招标条件的法人或组织发出邀请函，将招标工程的概况、工作范围和实施条件等作出简要说明，邀请他们参加投标竞争。邀请对象的数目以5～7家为宜，但不应少于3家。被邀请人同意参加投标后，从招标人处获取招标文件，按规定要求进行投标报价。邀请招标的优点是，不需要发布招标公告和设置资格预审程序，节约费用和节省时间；由于对投标人以往的业绩和履约能力比较了解，减少了合同履行过程中承包方违约的风险。为了体现公平竞争和便于招标人选择综合能力最强的投标人中标，仍要求在投标书内报送表明投标人资质能力的有关证明材料，作为评标时的评审内容之一（通常称为资格后审）。邀请招标的缺点是，由于邀请的范围较小选择面窄，可能排斥了某些在技术或报价上有竞争实力的潜在投标人，因此投标竞争的激烈程度相对较小。

二、工程施工招标程序

（一）标准施工招标文件组成及适用范围

《标准施工招标文件》包括封面格式和四卷八章内容，其中，第一卷包括第一章至第五章，涉及招标公告（投标邀请书）、投标人须知、评标办法、合同条款及格式、工程量清单等内容；第二卷由第六章图纸组成；第三卷由第七章技术标准和要求组成；第四卷由第八章投标文件格式组成。标准招标文件相同序号标示的节、条、款、项、目，由招标人依据需要选择其一形成一份完整的招标文件。

《简明标准施工招标文件》共分招标公告（或投标邀请书）、投标人须知、评标办法、合同条款及格式、工程量清单、图纸、技术标准和要求、投标文件格式八章。适用于依法必须进行招标的工程建设项目，工期不超过 12 个月、技术相对简单且设计和施工不是由同一承包人承担的小型项目。

（二）施工招标准备

施工招标准备工作包括成立招标机构及备案、确定招标方式和发布招标公告（或投标邀请书）。这些准备工作应相互协调，有序实施。

1. 成立招标机构及备案

建设工程招标人是提出招标项目，发出招标邀约要求的法人或其他组织。招标人是法人的，应当有必要的财产或者经费，有自己的名称、组织机构和场所，具有民事行为能力，且能够依法独立享有民事权力和承担民事义务的机构，包括企业、事业、政府、机关和社会团体法人。

（1）招标机构资格

招标人如具有与招标项目规模和复杂程度相适应的技术、经济等方面的专业人员，具有编制招标文件和组织评标的能力的，可自行组织招标。

招标人如不具备自行组织招标的能力条件，应当委托招标代理机构办理招标事宜。《招标投标法》第 13 条规定，"招标代理机构应当具备下列资格条件：有从事招标代理业务的营业场所和相应资金有能够编制招标文件和组织评标的相应专业力量。"

（2）招标备案

招标人向建设行政主管部门办理申请招标手续。招标备案文件应说明：招标工作范围；招标方式；计划工期；对投标人的资质要求；招标项目的前期准备工作的完成情况；自行招标还是委托代理招标等内容。

2. 编制招标文件

招标人应根据标准施工招标文件，结合招标项目具体特点和实际需要，编制招标文件。招标文件是投标人编制投标文件和报价的依据，因此，应包括招标项目的所有实质性要求和条件。

施工招标文件包括下列内容：（1）招标公告或投标邀请书；（2）投标人须知；（3）评标办法；（4）合同条款及格式；（5）工程量清单；（6）图纸；（7）技术标准和要求；（8）投标文件格式；（9）投标人须知前附表规定的其他材料。此外，招标人对招标文件的澄清、修改，也构成招标文件的组成部分。

其中，投标人须知包括前附表、正文和附表格式 3 部分。前附表针对招标工程列明正文中的具体要求，明确新项目的要求、招标程序中主要工作步骤的时间安排、对投标书的编制要求等内容。正文有：（1）总则，包括项目概况、资金来源和落实情况、招标范围、计划工期和质量要求、投标人资格要求等内容；（2）招标文件，包括招标文件的组成、招标文件的澄清与修改等内容；（3）投标文件，包括投标文件的组成、投标报价、投标有效期、投标保证金和投标文件的编制等内容；（4）投标，包括投标文件的密封和标识、投标文件的递交和投标文件的修改与撤回等内容；（5）开标，包括开标时间、地点和开标程序；（6）评标，包括评标委员会和评标原则等内容；（7）合同授予；（8）重新招标和不再招标；（9）纪律和监督；（10）需要补充的其他内容。附表格式是招标过程中用到的标准化格式，包括：开标记录表、问题澄清通知书格式、中标通知书格式和中标结果通知书格式。

3. 编制工程量清单或标底

工程量清单是载明建设工程分部分项工程项目、措施项目、其他项目的名称和相应数量以及规费、税金项目等内容的明细清单。标底是由招标人组织专门人员为准备招标的工程计算出的一个合理的基本价格。它不等于工程的概（预）算，也不等于合同价格。标底是招标人的绝密资料，在开标前不能向任何无关人员泄露。

4. 发布招标公告或投标邀请书

招标公告或投标邀请书的作用是让潜在投标人获得招标信息，以便进行项目筛选，确定是否参与竞争。招标公告或投标邀请书分别适用于不同的施工招标方式。

（1）招标公告

招标公告适用于进行资格预审的公开招标。招标公告内容包括：招标条件、项目概况与招标范围、投标人资格要求、招标文件的获取、投标文件的递交、发布公告的媒介和联系方式等。

（2）投标邀请书

投标邀请书适用于进行资格后审的邀请招标。投标邀请书内容包括：招标条件、项目概况与招标范围、投标人资格要求、招标文件的获取、投标文件的递交、确认和联系方式等。

（三）组织资格审查

为了保证潜在投标人能够公平地获得投标竞争的机会，确保投标人满足投标项目的资格条件，招标人应当对投标人进行资格审查。根据《招标投标法实施条例》有关规定，资格预审一般按以下程序进行。

1. 编制资格预审文件

对依法必须进行招标的项目，招标人应使用相关部门制定的标准文本，根据招标项目的特点和需要编制资格预审文件。

2. 发布资格预审公告

公开招标的项目，应当发布资格预审公告。对于依法必须进行招标的项目的资格预审公告，应当在国务院发展改革部门依法指定的媒介发布。

3. 发售资格预审文件

招标人应当按照资格预审公告规定的时间、地点发售资格预审文件。给潜在投标人准备资格预审文件的时间应不少于5日。发售资格预审文件收取的费用，相当于补偿印刷、邮寄的成本支出，不得以营利为目的。申请人对资格预审文件有异议，应当在递交资格预审申请文件截止时间2日前向招标人提出。招标人应当自收到异议之日起3日内做出答复；做出答复前，应当暂停实施招标投标的下一步程序。

4. 资格预审文件的澄清、修改

招标人可以对已发出的资格预审文件进行必要的澄清或者修改。澄清或者修改的内容可能影响资格预审申请文件编制的，招标人应当在提交资格预审申请文件截止时间至少3日前，以书面形式通知所有获取资格预审文件的潜在投标人；不足3日的，招标人应当顺延提交资格预审申请文件的截止时间。

5. 组建资格审查委员会

国有资金占控股或者主导地位的依法必须进行招标的项目，招标人应当组建资格审查委员会审查资格预审申请文件。资格审查委员会及其他成员应当遵守招标投标法及其实施条例有关评标委员会及其成员的规定，即资格审查委员会有招标人（招标代理机构）熟悉相关业务的代表和不少于成员总数2/3的技术、经济等专家组成，成员人数为5人以上单数。其他项目由招标人自行组织资格审查。

6. 潜在投标人递交资格预审申请文件

潜在投标人应严格依据资格预审文件要求的格式和内容，编制、签署、装订、密封、标识资格预审申请文件，按照规定的时间、地点、方式递交。

7. 资格预审审查报告

资格审查委员会应当按照资格预审文件载明的标准和方法，对资格预审申请文件进行审查，确定通过资格预审的申请人名单，并向招标人提交书面资格审查报告。资格审查报告一般包括以下几个内容：（1）基本情况和数据表；（2）资格审查委员会名单；（3）澄清、说明、补正事项纪要等；（4）评分比较一览表的排序；（5）其他需要说明的问题。

8. 确认通过资格预审的申请人

招标人根据资格审查报告确认通过资格预审的申请人，并向其发出投标邀请书。招标人应要求通过资格预审的申请人收到通知后，以书面方式确认是否参加投标。同时，招标人还应向未通过资格预审的申请人发出资格预审结果的书面通知。

（四）发售招标文件及组织现场踏勘

1. 发售招标文件

招标人按照招标公告（未进行资格预审）或投标邀请书（邀请招标）的时间、地点发售招标文件。

2. 组织现场踏勘

现场踏勘是指招标人组织投标人对项目的实施现场的经济、地理、地质、气候等客观条件和环境进行的现场调查。对于投标人全面了解招标项目情况，减少可能的争议具有重要的意义。招标人在投标人须知说明的时间统一组织投标人进行施工现场踏勘。《标准施工招标文件》中规定：

（1）招标人按招标公告规定的时间、地点组织投标人踏勘项目现场。

（2）投标人承担自己踏勘现场发生的费用。

（3）除招标人的原因外，投标人自行负责在踏勘现场中所发生的人员伤亡和财产损失。

（4）招标人在踏勘现场中介绍的工程场地和相关的周边环境情况，供投标人在编制投标文件时参考，招标人不对投标人据此做出的判断和决策负责。

踏勘现场后涉及对招标文件进行澄清修改的，招标人应当在招标文件要求提交投标文件的截止时间至少 15 日前以书面形式通知所有招标文件收受人。考虑到在踏勘现场后投标人有可能对招标文件部分条款进行质疑，组织投标人踏勘现场的时间一般应在投标截止时间 15 日前及投标预备会召开前进行。

3. 投标预备会

投标预备会是招标人组织召开的目的在于澄清招标文件中的疑问，解答投标人对招标文件和勘察现场中所提出的疑问或问题的会议。《标准施工招标文件》中规定：

（1）招标人按投标人须知说明的时间和地点召开投标预备会，澄清投标人提出的问题。

（2）投标人应在招标公告规定的时间前，以书面形式将提出的问题送达招标人，以便招标人在会议期间澄清。

（3）投标预备会后，招标人在招标公告规定的时间内，将对投标人所提问题的澄清，以书面方式通知所有购买招标文件的潜在投标人。该澄清内容为招标文件的组成部分。

考虑到投标预备会后需要将招标文件的澄清、补充和修改书面通知所有潜在投标人，组织投标预备会的时间一般应在投标截止时间 15 日以前进行。

（五）开标与评标

1. 接收投标文件

招标人收到投标文件后应当签收，并在招标文件规定开标时间前不得开启。同时为了保护投标人的合法权益，招标人必须履行完备规范的签收手续。签收人要记录投标文件递交的日期和地点以及密封状况，签收人签名后应将所有递交的投标文件妥善保存。

2. 组建评标委员会

（1）评标委员会

评标委员会成员名单一般应于开标前确定。评标委员会成员名单在中标结果确定前应当保密。评标委员会由招标人或其委托的招标代理机构熟悉相关业务的代表，以及有关技术、经济等方面的专家组成，成员人数为五人以上单数，其中技术、经济等方面的专家不得少于成员总数的三分之二。

评标委员会的专家成员应当从依法组建的专家库，采取随机抽取或者直接确定的方式确定评标专家。一般项目，可以采取随机抽取的方式；技术复杂、专业性强或者国家有特殊要求的招标项目，采取随机抽取方式确定的专家难以保证胜任的，可以由招标人直接确定。

（2）评标专家应满足的条件

评标专家应从事相关专业领域工作满八年并具有高级职称或者同等专业水平，并且熟悉有关招标投标的法律法规，具有与招标项目相关的实践经验，能够认真、公正、诚实、廉洁地履行职责。

（3）专家回避

评标委员会成员有下列情形之一的，应当回避：

1）投标人或者投标人主要负责人的近亲属；

2）项目主管部门或者行政监督部门的人员；

3）与投标人有经济利益关系，可能影响对投标公正评审的；

4）曾因在招标、评标以及其他与招标投标有关活动中从事违法行为而受过行政处罚或刑事处罚的。

3. 开标

（1）开标地点

招标人及其招标代理机构应按招标文件规定的时间、地点主持开标，邀请所有投标人的法定代表人或其委托的代理人参加。

（2）开标程序

主持人按下列程序进行开标：

1）宣布开标纪律；

2）公布在投标截止时间前递交投标文件的投标人名称，并点名确认投标人是否派人到场；

3）宣布开标人、唱标人、记录人、监标人等有关人员姓名；

4）检查投标文件的密封情况；

5）确定并宣布投标文件开标顺序；

6）设有标底的，公布标底；

7）按照宣布的开标顺序当众开标，公布投标人名称、标段名称、投标保证金的递交情况、投标报价、质量目标、工期及其他内容，并记录在案；

8）投标人代表、招标人代表、监标人、记录人等有关人员在开标记录上签字确认；

9）开标结束。

招标人应在招标公告中规定开标程序中投标文件密封情况，检查和确定开标顺序的具体做法。开标时，由投标人或者其推选的代表检查投标文件的密封情况，也可以由招标人委托的公证机构检查并公证等；可以按照投标文件递交的先后顺序开标，也可以采用其他方式确定开标顺序。

4. 评标

评标由招标人依法组建的评标委员会负责。评标委员会应当充分熟悉、掌握招标项目的主要特点和需求，认真阅读研究招标文件及其相关技术资料、评标方法、因素和标准、主要合同条款、技术规范等，并按照工程施工项目的评审步骤对投标文件进行分析、比较和评审，评标完成后，应当向招标人提交书面的评标报告并推荐中标候选人名单。

《标准施工招标文件》规定，评标办法分为经评审的最低投标价法和综合评估法，供招标人根据项目具体特点和实际需要选择适用。

（六）合同签订

1. 确定中标人

招标人可以授权评标委员会直接确定中标人，也可以依据评标委员会推荐的中标候选人确定中标人。评标委员会一般按照择优的原则推荐 1～3 名中标候选人。

确定中标人后，招标人在招标文件规定的投标有效期内以书面形式向中标人发出中标通知书，同时将中标结果通知未中标的投标人。

2. 履约担保

1）在签订合同前，中标人应按招标文件中规定的金额、担保形式和履约担保格式向招标人提交履约担保。联合体中标的，其履约担保由牵头人递交，并应符合招标文件规定的金额、担保形式和招标文件规定的履约担保格式要求。

2）中标人不能按招标文件要求提交履约担保的，视为放弃中标，其投标保证金不予退还，给招标人造成的损失超过投标保证金数额的，中标人还应当对超过部分予以赔偿。

3. 合同订立

1）招标人和中标人应当在投标有效期内以及中标通知书发出之日起 30 日之内，根据招标文件和中标人的投标文件订立书面合同。中标人无正当理由拒签合同的，招标人取消其中标资格，其投标保证金不予退还；给招标人造成的损失超过投标保证金数额的，中标人还应当对超过部分予以赔偿。

2）发出中标通知书后，招标人无正当理由拒签合同的，招标人向中标人退还投标保证金；给中标人造成损失的，还应当赔偿损失。

3）法规规定需要向有关行政监督部门备案、核准或登记的，应办理相关备案手续。

（七）重新招标和不再招标

如果本次招标经过评审比较，投标人的投标书均不满足招标文件的规定而未能选出中标人，后续处理的原则是：

1. 重新招标

有下列情形之一的，招标人在分析招标失败的原因并采取相应措施后，应当依法重新招标：

（1）投标截止时间止，投标人少于 3 个的；

（2）经评标委员会评审后否决所有投标的。

2. 不再招标

重新招标后投标人仍少于 3 个或者所有投标被否决的，属于必须审批或核准的工程建设项目，经原审批或核准部门批准后不再进行招标。

以上施工招标投标程序如图 3-1～图 3-4 所示。

第三章

工作阶段	招标人	投标人	监督管理部门
1.招标方式确定	按照法律法规和规章确定公开招标或邀请招标		
2.招标资格与备案	招标人自行办理招标事宜的,按规定向建设行政主管部门备案;委托代理招标事宜的应签订委托代理合同		建设行政主管部门接受备案
3.发放招标公告或投标邀请书	实行公开招标的,应在国家或地方指定的报刊、信息网或其他媒介,同时在中国工程建设和建筑业信息网上发布招标公告;邀请招标向三个以上符合资质条件的投标人发投标邀请书		获取招标项目信息
4.编制、发放资格预审文件和递交资格预审申请书	采用资格预审的,编制资格预审文件,向参加投标的申请人发放资格预审文件		获取资格预审文件
			投标人按资格预审文件要求填报的资格预审申请书(如是联营体投标应分别填报每个成员的情况),并提交
	接收资格预审申请书		
5.资格预审,确定合格的投标申请人	审查、分析投标申请人所报资格预审申请书的内容		
	确定合格设标申请人		
	向合格投标申请人发放资格预审合格通知书		合格投标申请人获得资格预审通知书,并提交合格书面回执

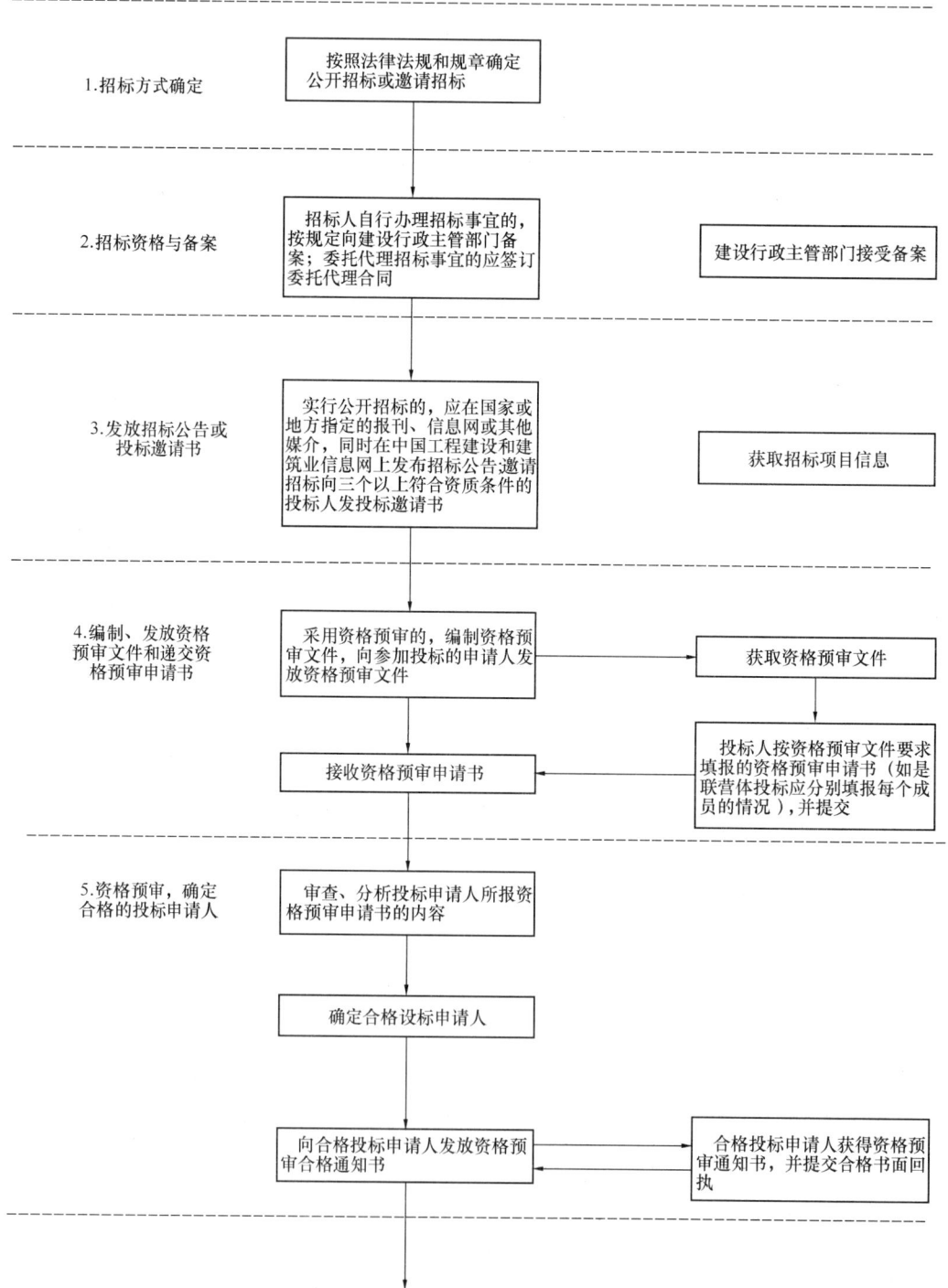

图 3-1 公开招标程序(一)

工作阶段	招标人	投标人	监督管理部门

6.发售招标文件

编制招标文件

将招标文件发售给合格的申请人，同时向建设行政主管部门备案

获取招标文件回执

建设行政主管部门接受招标文件的备案

开始准备投标文件搜集有关资料和相关信息

7.踏勘现场

组织投标人踏勘现场

现场踏勘

招标文件和现场中的疑问问题可通过以下方法提出

8.投标预备会（答疑会）

(1)以书面形式

接受问题，准备解答

(1)以书面形式提出问题

以书面形式向所有投标人发放答疑纪要并同时向建设行政主管部门备案

获取问题解答回执

建设行政主管部门接受答疑纪要备案

(2)答疑会

接受问题，准备解答

(2)答疑会前在规定的时间前以书面形式提交质疑问题

答疑会解答，会后将问题解答以书面形式发放给投标人并同时向建设行政主管部门备案

获取答疑纪要回执

建设行政主管部门接受答疑纪要备案

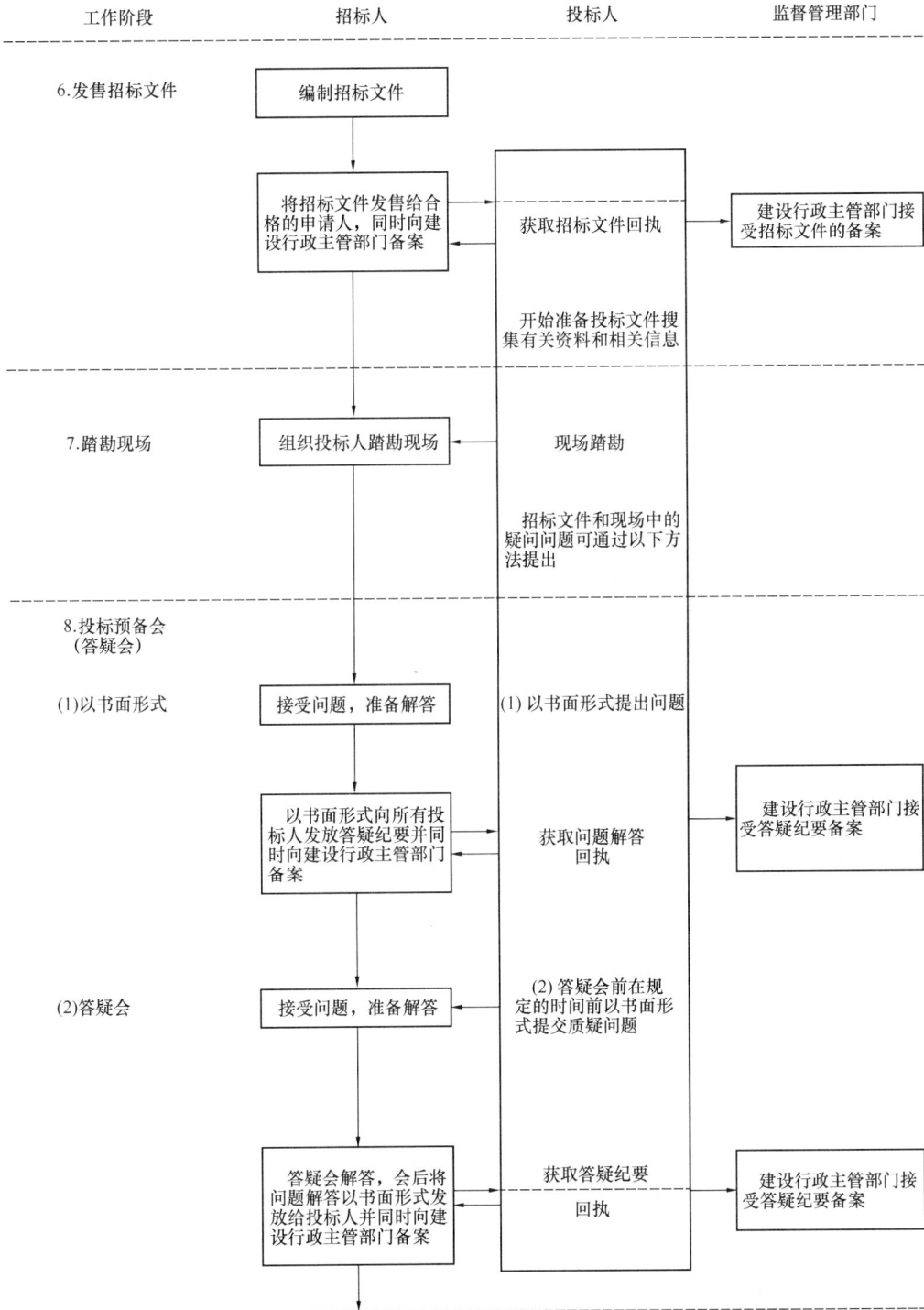

图 3-2　公开招标程序（二）

第三章

第三章

工作阶段	招标人	投标人	监督管理部门

招标文件的澄清、修改 → 获取澄清、修改文件回执 → 建设行政主管部门接受招标文件澄清、修改备案

编制投标文件办理投标担保

9.投标文件的编制和递交

招标人接收投标文件记录接收日期、时间 ← 递交投标文件和投标担保回执

退回逾期送达的投标文件 ← 逾期投标文件退回回执

开标前妥善保存投标文件

10.开标　　招标人组织并主持开标、唱标 ← 投标人代表参加开标

11.组建评标委员会　　招标人依法律法规和规章的规定，组建评标委员会

12.评标　　评标委员会评标
·符合性鉴定
·技术标评审
·商务标评审
·资格审查（后审）

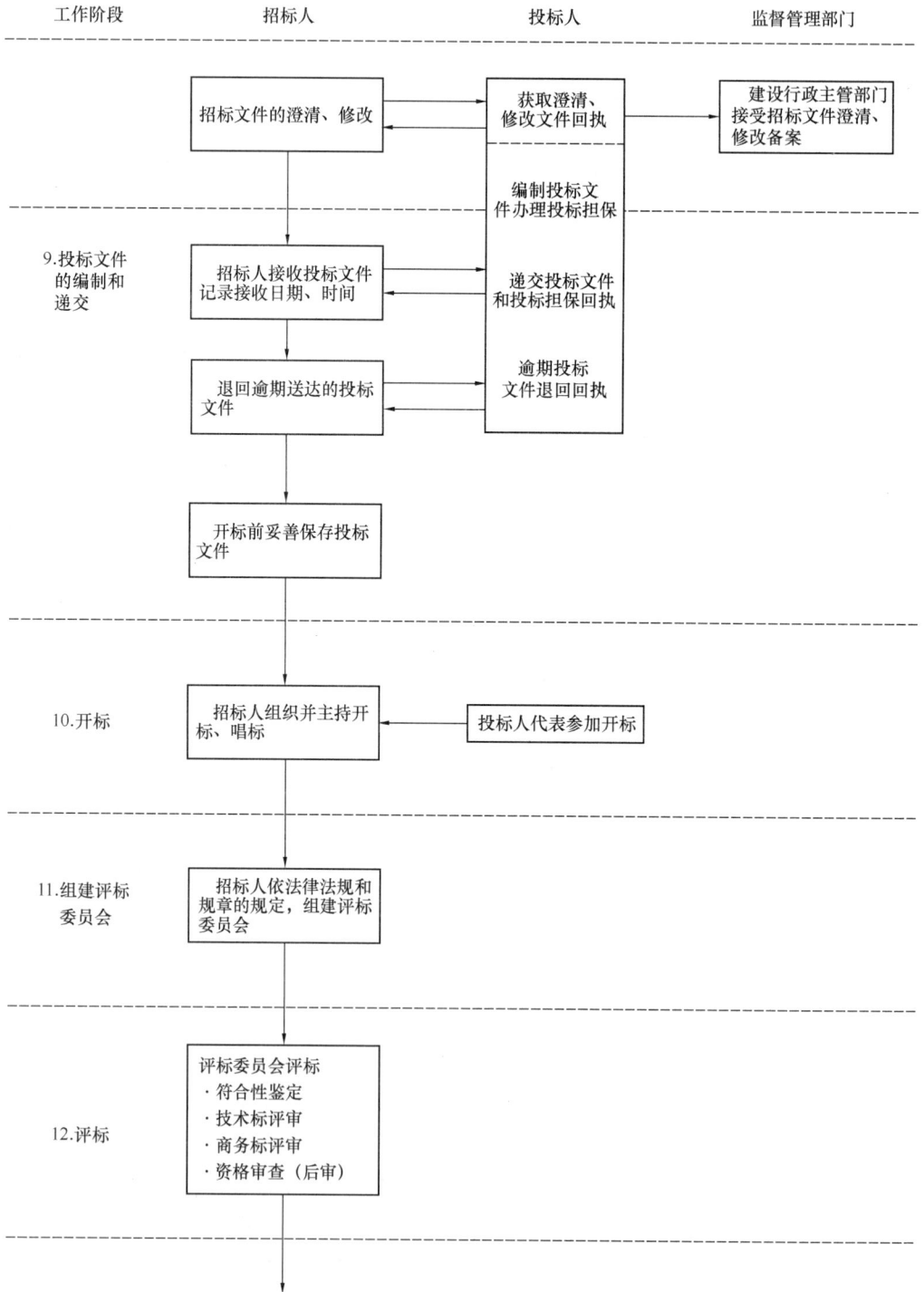

图 3-3　公开招标程序（三）

工作阶段	招标人	投标人	监督管理部门

评标委员会就投标文件的内容进行澄清或答辩 → 对评标委员会的澄清内容进行书面澄清答复或答辩

完成评标推荐中标候选人或确定中标人编写评标报告

13.招标投标情况书面报告及备案　招标人编写招标投标书面情况报告，确定中标人15日内向建设行政主管部门备案 → 建设行政主管部门接受备案

14.发出中标通知书　招标人向中标人发出中标通知书同时向未中标人发出中标结果通知　　中标人接受中标通知书、未中标人接受中标结果通知书

15.签署合同协议　招标人与中标人签署合同协议

办理、提交支付担保 ← 办理、提交履约担保

退回中标人及未中标人投标保投证金 ← 接受投标保证金回执

办理合同备案 → 建设行政主管部门接受备案

第三章

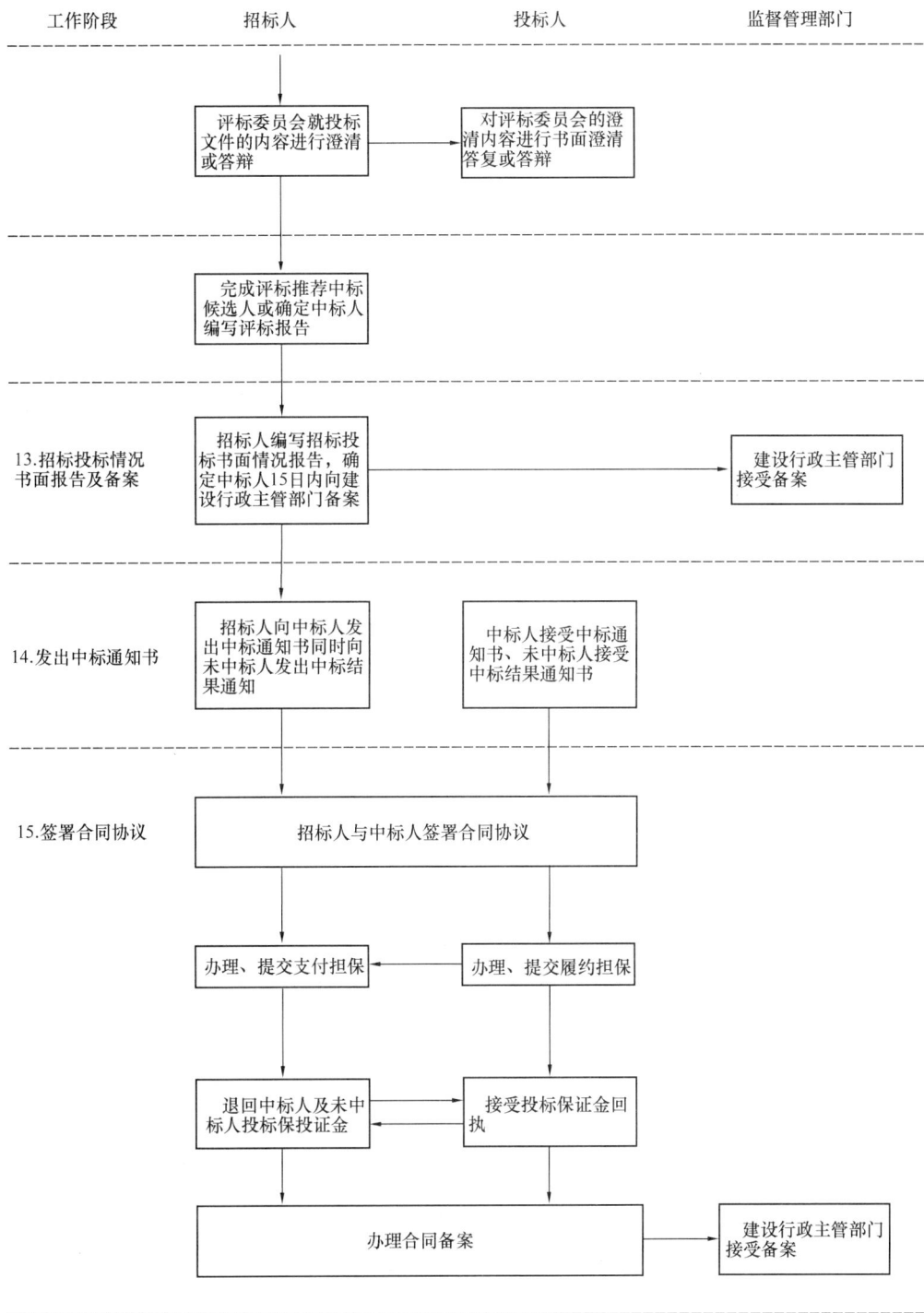

图 3-4　公开招标程序（四）

第二节 投标人资格审查

依法必须招标的工程项目的资格预审文件，应按照九部委制定《标准资格预审文件》，结合招标项目的技术管理特点和需求编制。

一、标准资格预审文件的组成

《标准资格预审文件》共包含封面格式和五章内容，相同序号标示的章、节、条、款、项、目，由招标人依据需要选择其一，形成一份完整的资格预审文件。文件各章规定的内容：

（一）资格预审公告

包括招标条件、项目概况与招标范围、申请人资格要求、资格预审方法、资格预审文件的获取、资格预审申请文件的递交、发布公告的媒介和联系方式等公告内容。

（二）申请人须知

包括申请人须知前附表和正文。申请人须知前附表内招标人根据招标项目具体特点和实际需要编制，用于进一步明确正文中的未尽事宜。正文包括9部分内容：（1）总则，包含项目概况、资金来源和落实情况、招标范围、工作计划和质量要求、申请人资格要求、语言文字以及费用承担等内容；（2）资格预审文件，包括资格预审文件的组成、资格预审文件的澄清和修改等内容；（3）资格预审申请文件的编制，包括资格预审申请文件的组成、资格预审申请文件的编制要求以及资格预审申请文件的装订、签字；（4）资格预审申请文件的递交，包括资格预审申请文件的密封和标识以及资格预审申请文件的递交两部分；（5）资格预审申请文件的审查，包括审查委员会和资格审查两部分内容；（6）通知和确认；（7）申请人的资格改变；（8）纪律与监督；（9）需要补充的其他内容。

（三）资格审查方法

资格审查分为资格预审和资格后审两种。

1. 资格预审

对于公开招标的项目，实行资格预审。资格预审是指招标人在投标前按照有关规定的程序和要求公布资格预审公告和资格预审文件，对获取资格预审文件并递交资格预审申请文件的申请人组织资格审查，确定合格投标人的方法。

2. 资格后审

邀请招标的项目，实行资格后审。资格后审是指开标后由评标委员会对投标人资格进行审查的方法。采用资格后审方法的，按规定要求发布招标公告，并根据招标文件中规定的资格审查方法、因素和标准，在评标时审查确认满足投标资格条件的投标人。

资格预审和资格后审不同时使用，二者审查的时间是不同的，审查的内容是一致的。一般情况下，资格预审比较适合于具有单件性特点，且技术难度较大或投标文件编制费用较高，或潜在投标人数量较多的招标项目；资格后审适合于潜在投标人数量不多的通用性、标准化项目。通常情况下，资格预审多用于公开招标，资格后审多用于邀请招标。

（四）资格审查办法

资格审查分为合格制和有限数量制两种审查办法，招标人根据项目具体特点和实际需要选择适用。每种办法都包括简明说明、评审因素和标准的附表和正文。附表由招标人根据招标项目具体特点和实际需要编制和填写。正文包括 4 部分：（1）审查方法；（2）审查标准，包括初步审查标准、详细审查标准，以及评分标准（有限数量制）；（3）审查程序，包括初步审查、详细审查、资格预审申请文件的澄清，以及评分（有限数量制）；（4）审查结果。

（五）资格预审申请文件

资格预审申请文件的内容包括法定代表人身份证明或授权委托书、联合体协议书、申请人基本情况表、近年财务状况、近年完成的类似项目情况表、正在施工的和新承接的项目情况表、近年发生的诉讼及仲裁情况、其他资料八个方面的内容要求。

二、资格预审公告

工程招标资格预审公告适用于公开招标，具有代替招标公告的功能，主要包括以下内容：

（一）招标条件

主要是简要介绍项目名称、审批机关、批文、业主、资金来源以及招标人情况。其中需要注意的是此处的信息必须与其他地方所公开的信息一致，如项目名称需要与预审文件封面一致，项目业主必须与相关核准文件载明的项目单位一致，招标人也应该与预审文件封面一致。

（二）项目概况与招标范围

项目概况简要介绍项目的建设地点、规模、计划工期等内容；招标范围主要针对本次招标的项目内容、标段划分及各标段的内容进行概括性的描述，使潜在投标人能够初步判断是否有兴趣参与投标竞争、是否有实力完成该项目。需要注意的是关于标段划分与工程实施技术紧密相连，不可分割的单位工程不得设立标段，也不得以不合理的标段设置或工期限制排斥潜在的投标人。

（三）对申请人的资格要求

招标人对申请人的资格要求应当限于招标人审查申请人是否具有独立订立合同的能力，是否具有相应的履约能力等。主要包括四个方面：申请人的资质、业绩、投标联合体要求和标段。其中需要注意的是，资质要求由招标人根据项目特点和实际需要，明确提出申请人应具有的最低资质。比如某项目为五层单体建筑，单跨跨度为 21m，建筑面积为 5000㎡，工程概算为 1000 万元，按照施工企业总承包资质标准，规定申请人具有总承包资质等级三级即可。另外，对于联合体的要求主要是明确联合体成员在资质、财务、业绩、信誉等方面应满足的最低要求。

（四）资格预审方法

资格审查方法分为合格制和有限数量制两种。投标人数过多，申请人的投标成本加大，不符合节约原则；而人数过少又不能形成充分竞争。因此，由招标人结合项目特点和市场情况选择使用合格制和有限数量制。如无特殊情况，鼓励招标人采用合格制。

（五）资格预审文件的获取

主要向有意参与资格预审的主体告知与获取文件有关的时间、地点和费用。需要注意的是招标人在填写发售时间时应满足不少于 5 个工作日的要求，预审文件售价应当合理，不得以盈利为目的。

（六）资格预审文件的递交

告知提交预审申请文件的截止时间以及预期未提交的后果。需要招标人注意的是，在填写具体的申请截止时间时，应当根据有关法律规定和项目具体特点合理确定提交时间。

三、资格审查办法

（一）合格制

1. 审查方法

凡符合资格预审文件规定的初步审查标准和详细审查标准的申请人均通过资格预审，取得投标人资格。

合格制比较公平公正，有利于招标人获得最优方案；但可能会出现人数多，增加招标成本。

2. 审查标准

（1）初步审查标准

初步审查的因素一般包括：申请人的名称；申请函的签字盖章；申请文件的格式；联合体申请人；资格预审申请文件的证明材料以及其他审查因素等。审查标准应当具体明了，具有可操作性。比如申请人名称应当与营业执照、资质证书以及安全生产许可证等一致；申请函签字盖章应当有法定代表人或其委托代理人签字或加盖单位公章等。招标人应根据项目具体特点和实际需要，进一步删减、补充和细化。

（2）详细审查标准

详细审查因素主要包括申请人的营业执照、安全生产许可证、资质、财务、业绩、信誉、项目经理资格以及其他要求等方面的内容。审查标准主要是核对审查因素是否有效，或者是否与资格预审文件列明的对申请人的要求一致。如申请人的资质等级、财务状况、类似项目业绩、信誉和项目经理资格应当与招标文件中的规定相一致。

3. 审查程序

（1）初步审查

审查委员会依据资格预审文件规定的初步审查标准，对资格预审申请文件进行初步审查。只要有一项因素不符合审查标准的，就不能通过资格预审。审查委员会可以要求申请人提交营业执照副本、资质证书副本、安全生产许可证以及有关诉讼、仲裁等法律文书的原件，以便核验。

（2）详细审查

审查委员会依据资格预审文件详细评审标准，对通过初步审查的资格预审申请文件进行详细审查。有一项因素不符合审查标准的，不能通过资格预审。

通过资格预审的申请人除应满足资格预审文件的初步审查标准和详细审查标准外，还不得存在下列任何一种情形：不按审查委员会要求提供澄清或说明；为项目前期准备提供设计或咨询服务（设计施工总承包除外）；为招标人不具备独立法人资格的附属机构或为本项目提供招标代理；为本项目的监理人、代建人等情形；以及最近三年内有骗取中标或严重违约或重大工程质量问题；在资格预审过程中弄虚作假、行贿或有其他违法违规行为等。

（3）资格预审申请文件的澄清

在审查过程中，审查委员会可以用书面形式要求申请人对所提交的资格预审申请文件中不明确的内容进行必要的澄清或说明。申请人的澄清或说明应采用书面形式，并不得改变资格预审申请文件的实质性内容。申请人的澄清和说明内容属于资格预审申请文件的组成部分。招标人和审查委员会不接受申请人主动提出的澄清或说明。

4. 审查结果

（1）提交审查报告

审查委员会按照规定的程序对资格预审申请文件完成审查后，确定通过资格预审的申请人名单，并向招标人提交书面审查报告。书面报告主要包括：基本情况和数据表；资格审查委员会名单；澄清、说明、补正事项纪要；审查过程、未通过审查的情况说明、通过评审的申请人名单；以及其他需要说明的问题。

（2）重新进行资格预审或招标

通过资格预审详细审查的申请人数量不足 3 个的，招标人应分析具体原因，根据实际情况重新组织资格预审或不再组织资格预审而直接招标。

（二）有限数量制

1. 审查方法

审查委员会依据资格预审文件中审查办法（有限数量制度）规定的审查标准和程序，对通过初步审查和详细审查的资格预审申请文件进行量化打分，按得分由高到低的顺序确定通过资格预审的申请人。通过资格预审的申请人不超过资格预审须知说明的数量。

2. 审查标准

（1）初步和详细审查标准

有限数量制和合格制的选择，是招标人基于潜在投标人的多少以及是否需要对人数进行限制。因此在审查标准上，二者并无本质或重要区别，都是需要进行初步审查和详细审查。二者不同就在于有限数量制需要进行打分量化。

（2）评分标准

评分因素一般包括财务状况、申请人的类似项目业绩、信誉、认证体系、项目经理的业绩以及其他一些相关因素。审查委员会可以根据实际需要，设定每一项所占的分值及其区间。

3. 审查程序

（1）审查及预审文件澄清

有限数量制与合格制在审查程序以及预审文件澄清两方面基本是相同的，初步审查和详细审查的因素、标准以及澄清的要求均可参照本节关于合格制审查办法的有关内容，此处不再赘述。

（2）评分

通过详细审查的申请人不少于 3 个且没有超过规定数量的，均通过资格预审，不再进行评分。通过详细审查的申请人数量超过规定数量的，审查委员会依据招标文件中的评分标准进行评分，按得分由高到低的顺序进行排序。

4. 审查结果

（1）提交审查报告

审查委员会按照规定的程序对资格预审申请文件完成审查后，确定通过资格预审的申请人名单，并向招标人提交书面审查报告。

（2）重新进行资格预审或招标

通过详细审查申请人的数量不足 3 个的，招标人重新组织资格预审或不再组织资格预审而直接招标。

第三节　施工评标办法

评标办法是招标人根据项目的特点和要求，参照一定的评标因素和标准，对投标文件进行评价和比较的方法。常用的评标方法分为经评审的最低投标价法（以下简称最低评标价法）和综合评估法两种。

一、最低评标价法

最低评标价法一般适用于具有通用技术、性能标准或者招标人对其技术、性能标准没有特殊要求的招标项目。根据国家发展改革委第 56 号令的规定，招标人编制施工招标文件时，应不加修改地引用《标准施工招标资格预审文件》和《标准施工招标文件》规定的方法。评标办法前附表由招标人根据招标项目具体特点和实际需要编制，用于进一步明确未尽事宜，但务必与招标文件中其他章节相衔接，并不得与《标准施工招标资格预审文件》和《标准施工招标文件》的内容相抵触，否则抵触内容无效。评标办法前附表应写明经评审最低评标价法的评审因素与评审标准，主要分为形式评审因素和评审标准、资格评审因素和评审标准、响应性评审因素和评审标准、施工组织设计评分因素和评分标准、项目管理机构评审因素和评审标准、详细评审因素和评审标准等。

（一）评标方法

1. 评审比较的原则

最低评标价法是以投标报价为基数，考量其他因素形成评审价格，对投标文件进行评价的一种评标方法。

评标委员会对满足招标文件实质要求的投标文件，根据详细评审标准规定的量化因素及量化标准进行价格折算，按照经评审的投标价由低到高的顺序推荐中标候选人，或根据招标人授权直接确定中标人，但投标报价低于其成本的除外，并且中标人的投标应当能够满足招标文件的实质性要求。经评审的投标价相等时，投标报价低的优先，投标报价也相等的，由招标人自行确定。

2. 最低评标价法的基本步骤

首先按照初步评审标准对投标文件进行初步评审，然后依据详细评审标准对通过初步审查的投标文件进行价格折算，确定其评审价格，再按照由低到高的顺序推荐 1～3 名中标候选人或根据招标人的授权直接确定中标人。

（二）评审标准

1. 初步评审标准

根据《标准施工招标文件》的规定，投标初步评审为形式评审、资格评审、响应性评审、施工组织设计和项目管理机构评审标准四个方面。

（1）形式评审标准

初步评审的因素一般包括：投标人的名称；投标函的签字盖章；投标文件的格式；联合体投标人；投标报价的唯一性；其他评审因素等。审查、评审标准应当具体明了，具有可操作性。比如申请人名称应当与营业执照、资质证书以及安全生产许可证等一致；申请函签字盖章应当由法定代表人或其委托代理人签字或加盖单位公章等。对应于前附表中规定的评审因素和评审标准是列举性的，并没有包括所有评审因素和标准，招标人应根据项目具体特点和实际需要，进一步删减、补充和细化。

（2）资格评审标准

资格评审的因素一般包括营业执照、安全生产许可证、资质等级、财务状况、类似项目业绩、信誉、项目经理、其他要求、联合体投标人等。该部分内容分为以下两种情况：

1）未进行资格预审的

评审标准须与投标人须知前附表中对投标人资质、财务、业绩、信誉、项目经理的要求以及其他要求一致，招标人要特别注意在投标人须知中补充和细化的要求，应在前附表中体现出来。

2）已进行资格预审的

评审标准须与资格预审文件资格审查办法详细审查标准保持一致。在递交资格预审申请文件后、投标截止时间前发生可能影响其资格条件或履约能力的新情况，应按照招标文件中投标人须知的规定提交更新或补充资料。

（3）响应性评审标准

响应性评审的因素一般包括投标内容、工期、工程质量、投标有效期、投标保证金、权利义务、已标价工程量清单、技术标准和要求等。

评标办法前附表所列评审因素已经考虑到了与招标文件中投标人须知等内容衔接。招标人可以依据招标项目的特点补充一些响应性评审因素和标准，如：投标人有分包计划的，其分包工作类别及工作量须符合招标文件要求。招标人允许偏离的最大范围和最高项数，应在响应性评审标准中规定，作为判定投标是否有效的依据。

（4）施工组织设计和项目管理机构评审标准

施工组织设计和项目管理机构评审的因素一般包括施工方案与技术措施、质量管理体系与措施、安全管理体系与措施、环境保护管理体系与措施、工程进度计划与措施、资源配备计划、技术负责人、其他主要成员、施工设备、试验和检测仪器设备等。

针对不同项目特点，招标人可以对施工组织设计和项目管理机构的评审因素及其标准进行补充、修改和细化，如施工组织设计中可以增加对施工总平面图、施工总承包的管理协调能力等评审指标，项目管理机构中可以增加对项目经理的管理能力，如创优能力、创文明工地能力以及其他一些评审指标等。

2. 详细评审标准和评审因素

详细评审标准和评审因素一般包括：单价遗漏；付款条件等。

详细评审标准对评标办法规定的量化因素和量化标准是列举性的，并没有包括所有量化因素和标准，招标人应根据项目具体特点和实际需要，进一步删减、补充或细化。例如：增加算数性错误修正量化因素，即根据招标文件的规定对投标报价进行算数性错误修正。还可以增加投标报价的合理性量化因素，即根据本招标文件的规定对投标报价的合理性进行评审。除此之外，还可以增加合理化建议量化因素，即技术建议可能带来的实际经济效益，按预定的比例折算后，在投标价内减去该值。

（三）评标程序

1. 初步评审

（1）对于未进行资格预审的，评标委员会可以要求投标人提交规定的有关证明以便核验。评标委员会依据上述标准对投标文件进行初步评审，有一项不符合评审标准的，应否决其投标。

对于已进行资格预审的，评标委员会依据评标办法中规定的评审标准对投标文件进行初步评审。有一项不符合评审标准的，应否决其投标。当投标人资格预审申请文件的内容发生重大变化时，评标委员会依据评标办法中规定的标准对其更新资料进行评审。

（2）投标报价有算术错误的，评标委员会按以下原则对投标报价进行修正，修正的价格经投标人书面确认后具有约束力。投标人不接受修正价格的，应当否决该投标人的投标。

1）投标文件中的大写金额与小写金额不一致的，以大写金额为准；

2）总价金额与依据单价计算出的结果不一致的，以单价金额为准修正总价，但单价金额小数点有明显错误的除外。

2. 详细评审

（1）评标委员会依据本评标办法中详细评审标准规定的量化因素和标准进行价格折算，计算出评标价，并编制价格比较一览表。

（2）评标委员会发现投标人的报价明显低于其他投标报价，或者在设有标底时明显低于标底，使得其投标报价可能低于其成本的，应当要求该投标人做出书面说明并提供相应的证明材料。投标人不能合理说明或者不能提供相应证明材料的，由评标委员会认定该投标人以低于成本报价竞标，否决其投标。

3. 投标文件的澄清和补正

（1）在评标过程中，评标委员会可以书面形式要求投标人对所提交的投标文件中不明确的内容进行书面澄清或说明，或者对细微偏差进行补正。评标委员会不接受投标人主动提出的澄清、说明或补正。

（2）澄清、说明和补正不得改变投标文件的实质性内容（算术性错误修正的除外）。投标人的书面澄清、说明和补正属于投标文件的组成部分。

（3）评标委员会对投标人提交的澄清、说明或补正有疑问的，可以要求投标人进一步澄清、说明或补正，直至满足评标委员会的要求。

4. 评标结果

（1）除授权评标委员会直接确定中标人外，还可以按照经评审的价格由低到高的顺序推荐中标候选人，但最低价不能低于成本价。

（2）评标委员会完成评标后，应当向招标人提交书面评标报告。

评标报告应当如实记载以下内容：基本情况和数据表；评标委员会成员名单；开标记录；符合要求的投标一览表；否决投标的情况说明；评标标准、评标方法或者评标因素一览表；经评审的价格一览表；经评审的投标人排序；推荐的中标候选人名单或根据招标人授权确定的中标人名单，签订合同前要处理的事宜；以及需要澄清、说明、补正事项纪要。

例：经评审的最低投标价法

某污水处理厂项目采用经评审的最低投标价法进行评标。共有 3 个投标人投标，且 3 个投标人均通过了初步评审，评标委员会对开标确认的投标报价进行详细评审。

评标办法规定，对提前竣工、污水处理成本偏差等因素进行价格折算。价格折算的办法如下：

该工程招标工期为：30 个月，承诺工期每提前 1 个月，给招标人带来的预期收益为 50 万元。污水处理成本比招标文件规定的标准高的，每高一个百分点投标报价增加 2%，每低一个百分点投标报价减少 1%。高于 10% 该投标将被否决。

投标人 A：投标报价为 4850 万元，污水处理成本比规定标准高 2 个百分点，承诺的工期为 30 个月。

投标人 B：投标报价为 4900 万元，污水处理成本比规定标准高 1 个百分点，承诺的工期为 29 个月。

投标人 C：投标报价为 5000 万元，污水处理成本比规定标准低 2 个百分点，承诺的工期为 28 个月。

污水处理成本偏差因素的评标价格调整：

投标人 A：$4850 \times 2 \times 2\% = 194$（万元）；

投标人 B：$4900 \times 1 \times 2\% = 98$（万元）；

投标人 C：$5000 \times 2 \times (-1\%) = -100$（万元）。

提前竣工因素的评标价格调整：

投标人 A：$(30-30) \times 50 = 0$（万元）；

投标人 B：$(29-30) \times 50 = -50$（万元）；

投标人 C：$(28-30) \times 50 = -100$（万元）。

评标价格比较见表 3-1。

评标价格比较　　　　　　　　　　　　　　　　　表 3-1

项目	投标人 A	投标人 B	投标人 C
投标报价（万元）	4850	4900	5000
污水处理成本偏差因素价格调整（万元）	194	98	−100
提前竣工因素导致评标价格调整（万元）	0	−50	−100
最终评标价（万元）	5044	4948	4800
排序	3	2	1

投标人 C 是经评审的投标价最低，评标委员会推荐其为中标候选人。

二、综合评估法

综合评估法是综合衡量价格、商务、技术等各项因素对招标文件的满足程度，按照统一的标准（分值或货币）量化后进行比较的方法。采用综合评估法，可以将这些因素折算为货币、分数或比例系数等，再做比较。综合评估法一般适用于招标人对招标项目的技术、性能有专门要求的招标项目。与最低评标价法要求一样，招标人编制施工招标文件时，应按照标准施工招标文件的规定进行评标。评标办法前附表见综合评估法评审因素与评审标准。综合评估法分为形式评审因素和评审标准、资格评审因素和评审标准、响应性评审因素和评审标准、施工组织设计评分因素和评分标准、项目管理机构评分因素和评分标准、投标报价评分因素和评分标准、其他因素评分标准。

（一）评标方法

评标委员会对满足招标文件实质性要求的投标文件，按照评标办法中表所列的分值构成与评分标准规定的评分标准进行打分，并按得分由高到低顺序推荐中标候选人，或根据招标人授权直接确定中标人，但投标报价低于其成本的除外。综合评分相等时，以投标报价低的优先；投标报价也相等的，由招标人自行确定。

（二）评审标准

1. 初步评审标准

综合评估法与最低评标价法初步评审标准的参考因素与评审标准等方面基本相同，只是综合评估法初步评审标准包含形式评审标准、资格评审标准和响应性评审标准三部分。因此有关因素与标准可以参照，此处不再赘述。二者之间的区别主要在于综合评估法需要在评审的基础上按照一定的标准进行分值或货币量化。

2. 分值构成与评分标准

（1）分值构成

评标委员会根据项目实际情况和需要，将施工组织设计、项目管理机构、投标报价及其他评分因素分配一定的权重或分值及区间。比如以 100 分为满分，可以考虑施工组织设计分值为 25 分，项目管理机构 10 分，投标报价 60 分，其他评分因素为 5 分。

（2）评标基准价计算

评标基准价的计算方法应在评标办法前附表中明确。招标人可依据招标项目的特点、行业管理规定给出评标基准价的计算方法。需要注意的是，招标人需要在评标办法中明确有效报价的含义，以及不可竞争费用的处理。

（3）投标报价的偏差率计算

投标报价的偏差率计算公式：

偏差率＝100％×（投标人报价－评标基准价）/评标基准价

（4）评分标准

招标人应当明确施工组织设计、项目管理机构、投标报价和其他因素的评分因素、评分标准，以及各评分因素的权重。如某项目招标文件对施工方案与技术措施规定的评分标准为：施工方案及施工方法先进可行，技术措施针对工程质量、工期和施工安全生产有充分保障 11～12 分；施工方案先进，方法可行，技术措施对工程质量、工期和施工安全生产有保障 8～10 分；施工方案及施工方法可行，技术措施针对工程质量、工期和施工安全生产基本有保障 6～7 分；施工方案及施工方法基本可行，技术措施针对工程质量、工期和施工安全生产基本有保障 1～5 分。

招标人还可以依据项目特点及行业、地方管理规定，增加一些标准招标文件中已经明确的施工组织设计、项目管理机构及投标报价外的其他评审因素及评分标准，作为补充内容。

（三）评标程序

1. 初步评审

（1）评标委员会依据规定的评审标准对投标文件进行初步评审。有一项不符合评审标准的，则该投标应当予以否决。

（2）投标报价有算术错误的，评标委员会按以下原则对投标报价进行修正，修正的价格经投标人书面确认后具有约束力。投标人不接受修正价格的，应当否决该投标人的投标。修正错误的原则与最低评标价法相同。

2. 详细评审

（1）评标委员会按规定的量化因素和分值进行打分，并计算出综合评估得分：

1）按评标办法规定的评审因素和分值对施工组织设计计算出得分 A；

2）按评标办法规定的评审因素和分值对项目管理机构计算出得分 B；

3）按评标办法规定的评审因素和分值对投标报价计算出得分 C；

4）按评标办法规定的评审因素和分值对其他部分计算出得分 D。

（2）评分分值计算保留小数点后两位，小数点后第三位"四舍五入"。

（3）投标人得分＝A＋B＋C＋D。

（4）评标委员会发现投标人的报价明显低于其他投标报价，或者在设有标底时明显低于标底，使得其投标报价可能低于其成本的，应当要求该投标人做出书面说明并提供相应的证明材料。投标人不能合理说明或者不能提供相应证明材料的，由评标委员会认定该投标人以低于成本报价竞标，应否决其投标。

3. 投标文件的澄清和补正

该部分内容与经评审的最低投标价法一致，在此不再赘述。

4. 评标结果

该部分内容与经评审的最低投标价法一致，在此不再赘述。

第四节　工程总承包招标

一、标准设计施工总承包招标文件组成及适用范围

《标准设计施工总承包招标文件》包括封面格式和三卷七章内容，其中，第一卷包括第一章至第四章，涉及招标公告（投标邀请书）、投标人须知、评标办法、合同条款及格式等内容；第二卷由第五章发包人要求和第六章发包人提供的资料组成；第三卷由第七章投标文件格式组成。《标准设计施工总承包招标文件》用相同序号标示的章、节、条、款、项、目，供招标人和投标人选择使用；以空格标示的由招标人填写的内容，招标人应根据招标项目具体特点和实际需要具体化，确实没有需要填写的，在空格中用"/"标示，最终由招标人依据需要选择其一形成一份完整的招标文件。《标准设计施工总承包招标文件》适用于设计施工一体化总承包招标。

二、工程总承包招标程序

工程总承包招标程序与施工招标程序基本相同，下面仅介绍与工程施工招标不同的内容。

（一）编制招标文件

招标人应根据《标准设计施工总承包招标文件》，结合招标项目具体特点和实际需要，编制招标文件。招标文件是投标人编制投标文件和报价的依据，因此，应包括招标项目的所有实质性要求和条件。

标准设计施工总承包招标包括下列内容：（1）招标公告或投标邀请书；（2）投标人须

第三章

知；（3）评标办法；（4）合同条款及格式；（5）发包人要求；（6）发包人提供的资料；（7）投标文件格式；（8）投标人须知前附表规定的其他材料。此外，招标人对招标文件的澄清、修改，也构成招标文件的组成部分。

其中，投标人须知包括前附表、正文和附表格式三部分。前附表针对招标工程列明正文中的具体要求，明确新项目的要求、招标程序中主要工作步骤的时间安排、对投标书的编制要求等内容。正文有：1）总则，包括项目概况、资金来源和落实情况、招标范围、计划工期和质量要求、投标人资格要求等内容；2）招标文件，包括招标文件的组成、招标文件的澄清与修改等内容；3）投标文件，包括投标文件的组成、投标报价、投标有效期、投标保证金和投标文件的编制等内容；4）投标，包括投标文件的密封和标识、投标文件的递交和投标文件的修改与撤回等内容；5）开标，包括开标时间、地点和开标程序；6）评标，包括评标委员会和评标原则等内容；7）合同授予；8）纪律和监督；9）需要补充的其他内容。附表格式是招标过程中用到的标准化格式，包括：开标记录表、问题澄清通知书格式、中标通知书格式和中标结果通知书格式等。

与标准施工招标文件相比较，投标人须知在设计方面提出了有关设计工作方面的要求：1）质量标准：包括设计要求的质量标准；2）投标人资格要求：项目经理应当具备工程设计类或者工程施工类注册执业资格，设计负责人应当具备工程设计类注册执业资格；3）设计成果补偿：招标人对符合招标文件规定的未中标人的设计成果进行补偿的，按投标人须知前附表规定给予补偿，并有权免费使用未中标人设计成果等。

（二）编制价格清单

价格清单指构成合同文件组成部分的由承包人按规定的格式和要求填写并标明价格的清单，它包括勘察设计费清单、工程设备费清单、必备的备品备件费清单、建筑安装工程费清单、技术服务费清单、暂估价清单、其他费用清单和投标报价汇总表。总承包招标文件编制的价格清单包含的内容与施工合同的投标报价的内容有所不同，总承包招标编制的价格清单还包括有关勘察设计费等内容。

（三）组织资格审查

适用于进行资格预审的资格审查资料，包括"近年完成的类似设计施工总承包项目情况表"应附中标通知书和（或）合同协议书、工程接收证书（工程竣工验收证书）复印件；或"近年完成的类似工程设计项目情况表"应附中标通知书和（或）合同协议书、发包人出具的证明文件；"近年完成的类似施工项目情况表"应附中标通知书和（或）合同协议书、工程接收证书（工程竣工验收证书）复印件。具体年份要求见投标人须知前附表，每张表格只填写一个项目，并标明序号。与标准施工招标文件相比较，资料审查的内容增加了"完成的类似设计施工总承包项目和近年完成的类似工程设计项目"等内容。

（四）开标与评标

标准设计施工总承包招标文件和标准施工招标文件的评标办法都包括综合评估法和经评审的最低投标价法，与标准施工招标文件相比较，评标办法前附表在设计方面增加了与设计有关的内容：（1）关于设计负责人的资格评审标准需符合投标人须知相应规定；（2）资信业绩评分标准新增设计负责人业绩；（3）增加设计部分评审。

（五）其他

标准设计施工总承包招标，除以上差异外，还包括发包人要求、发包人提供资料等内

容，主要有：

（1）功能要求包括工程的目的、工程规模、性能保证指标（性能保证表）和产能保证指标等。

（2）工程范围包括的工作、工作界区、发包人提供的现场条件和发包人提供的技术文件等。

（3）工艺安排或要求，如有工艺安排或要求，发包人可以向承包人提出相应工艺安排或要求。

（4）技术要求包括设计阶段和设计任务、设计标准和规范、技术标准和要求、质量标准、设计、施工和设备监造、试验（如有）、样品和发包人提供的其他条件等。

（5）竣工试验和竣工后试验包括各阶段试验，如试验前准备、对联动试车、投料试车等的要求、对性能测试及其他竣工试验的要求等。

（6）文件要求包括设计文件及其相关审批、核准和备案要求、沟通计划、风险管理计划、竣工文件和工程的其他记录、操作和维修手册和其他承包人文件等。

（7）工程项目管理规定包括质量、进度（里程碑进度计划）、支付、HSE（健康、安全与环境管理体系）、沟通和变更等。

（8）其他要求包括对承包人的主要人员资格要求、相关审批、核准和备案手续的办理、对项目业主人员的操作培训、分包、设备供应商和缺陷责任期的服务要求等。

（9）发包人要求附件清单包括性能保证表、工作界区图、发包人需求任务书、发包人已完成的设计文件、承包人文件要求、承包人人员资格要求及审查规定、承包人设计文件审查规定、承包人采购审查与批准规定、材料、工程设备和工程试验规定 、竣工试验规定、竣工验收规定、竣工后试验规定和工程项目管理规定等。

思　考　题

1. 资格审查有哪些方法和内容？
2. 施工招标程序有哪些步骤？
3. 施工招标文件的主要内容有哪些？
4. 施工招标的评标有哪些方法？
5. 工程总承包招标与施工招标相比，不同之处有哪些？

第四章　建设工程材料设备采购招标

第一节　材料设备采购招标特点及报价方式

材料设备招标是建设工程最为普遍使用的一种采购类型，是指建设单位或承包商等采购主体对工程所需要的各种材料设备通过招标的方式，提出对货物类型、质量、数量、交货期等的具体要求，约请供货商进行投标报价，通过竞争，从中选择优胜者为中标人，采购主体与其签订供货合同，实现采购目标。

一、材料设备采购招标特点

（一）材料设备采购方式及其特点

建设工程材料和设备的采购主要包括询价选择供货商、直接向供货商订购和招标选择供货商三种方式。

询价方式一般用于采购数额不大的建筑材料和标准规格产品，由采购方对多家供货商就采购的标的物进行询价，还可通过多轮讨价还价及磋商，经过比较后选择其中一家签订供货合同。该方式避免了招标采购的复杂性，工作量小、耗时短、交易成本低，也在一定程度上进行了供货商之间的报价竞争，但存在较大的主观性和随意性。

直接订购方式多适用于零星采购、应急采购，或只能从一家供应厂商获得，或必须由原供货商提供产品或向原供货商补订的采购。该方式达成交易快，有利于及早交货，但采购来源单一，缺少对价格的比选，适用的条件较为特殊。

招标投标则是大宗及重要建筑材料和设备采购的最主要方式，该方式有利于规范买卖双方的交易行为、扩大比选范围、实现公开公平竞争，但程序复杂、工作量大、周期长，适合于较为充分竞争的市场环境。

可见，不同的采购方式，各有其适合的使用范围，也各有其优缺点。对于法律法规允许的采购方式，在符合规定的前提下，应根据采购对象的特点和采购方的实际需要，选择最合适的采购方式。

（二）材料设备采购招标内容特点

建设工程项目所需材料设备的采购，按标的物的特点可以分为买卖合同和加工承揽合同两大类。采购大宗建筑材料或通用型批量生产的中小型设备属于买卖合同。由于标的物的规格、性能、主要技术参数均为通用指标，因此，招标时一般侧重对投标人的商业信誉、报价和交货期限等方面的比较，较多考虑价格因素。而订购非批量生产的大型复杂机组设备、特殊用途的大型非标准部件则属于加工承揽合同，中标人承担的工作往往涵盖从生产、交货、安装到调试、保修的全过程，招标时要对投标人的商业信誉、加工制造能力、报价、交货期限和方式、安装（或安装指导）、调试、保修及操作人员培训等各方面条件进行全面比较，更多考虑性价比。

建设工程材料设备的采购类别繁多，包括建筑材料、工具、用具、机械设备、电气设备等。建筑材料如建筑钢材、水泥、预拌混凝土、沥青、墙体材料、建筑门窗、建筑陶

瓷、建筑石材、给排水、供气管材、用水器具、电线电缆及开关、苗木、路灯、交通设施等。设备如电梯、配电设备、防水消防设备、锅炉暖通及空调设备、给排水设备、楼宇自动化设备等。具有采购量大、规格型号多、涉及厂家范围广的特点。材料设备招标采购的货物既可以由供货方自己全部生产或部分生产，也可以由供货方通过各种渠道组织货源完成供货或设备成套。

针对不同类型的建设工程发承包模式，可以有不同的物资采购模式，建设单位应当筹划并明确建设工程所需的机电设备、工程机械、工程用料、施工用料哪些由业主自行采购，哪些由承包商采购，提前做好具体计划和安排，与施工、安装工作有序配合。

对于既有设备采购又有安装服务的项目，可以采用设备和安装分开招标，也可以为了避免供货与安装的工作范围和职责划分不清，或为了有利于投标人充分发挥制造和安装的综合实力，采用合并招标。如果采用合并招标，可以按照各部分所占的费用比例来确定具体招标类型，通常设备占费用比例大的，可按设备招标，安装工程占费用比例大的，则可按安装工程招标。

（三）材料设备采购批次标包划分特点

项目建设需要大量建筑材料和设备，应综合考虑工程实际需要的时间、市场供应情况、市场价格变动趋势、建设资金到位和周转计划，合理安排分阶段分批次采购招标工作。同类材料设备可以一次招标分期交货，不同材料设备可以分阶段采购。应保证材料设备到货时间满足工程进度的需要，考虑交货批次和时间、运输、仓储能力等因素，并节省占用建设资金、降低仓储保管费用。

标包的划分要考虑工程实际需要，保证货物质量和供货时间，并有利于吸引多家投标人参加竞争，既要避免标包划分过大，中小供应厂商无法满足供应；又要避免划分过小，缺乏对大型供应厂商的吸引力。投标的基本单位是标包，每次招标时，可依据设备材料的性质只发一个标包或分成几个标包同时招标。投标人可以投一个或其中的几个标包，但不能仅对一个标包中的某几项进行投标。

二、材料设备采购招投标报价方式

（一）主要报价方式

应根据招标文件的要求对建设工程项目材料设备进行投标报价，根据不同情况，主要有如下几类报价方式：

1. 从中国关境内提供的货物

（1）报出厂价

招标文件可规定由国内供货方（卖方）在其所在地或其他指定的地点（如：工场、工厂或仓库）将货物交给买方后即完成交货，则投标人报出厂价（ExWorks，EXW价）、仓库交货价，买方自行承担在卖方所在地受领货物后运至国内施工现场的运输费用和保险费。

报出厂价、仓库交货价的，除应包括要向中国政府缴纳的增值税和其他税，还应包括货物在制造或组装时使用的部件和原材料是从关境外进口的已交纳或应交纳的全部关税、增值税和其他税。

（2）投标前已进口货物报仓库交货价

对投标截止时间前已经进口的货物，可报仓库交货价，除应包括要向中国政府缴纳的增值税和其他税，还应包括货物在从关境外进口时已交纳或应交纳的全部关税、增值税和其他税。

针对以上两类货物，招标文件中还可规定，由投标人报货物运至最终目的地的关境内运输、保险和相关服务等其他费用。

（3）报施工现场交货价

很多情况下，招标文件规定由国内供货方（卖方）负责将货物运至国内施工现场，则投标人报施工现场交货价，该报价包含出厂价（EXW价）加上运至施工现场的内陆运输费和保险费。

2. 从中国关境外提供的货物

（1）报FOB价或FCA价

招标文件可要求国外供货方（卖方）报FOB价（Free on Board，装运港船上交货），卖方在装运港将货物装上买方指定的船只，即完成交货，卖方负责办理包括将货物在指定的装船港装上船之前的一切运输事项及运输费用，费用包含在报价中。

或报FCA价（Free Carrier，货交承运人指定地点），卖方在指定的地点将货物交给买方指定的承运人，即完成交货，卖方负责办理将货物在买方指定地点或其他同意的地点交由承运方保管之前的一切运输事项，并承担运输费用，费用包含在报价中。

（2）报CIF价或CIP价

更多情况下，可要求国外供货方（卖方）报CIF（指定目的港）价（即Cost, Insurance and Freight，成本、保险费和海运费），卖方负责办理租船订舱，并承担将货物装上船之前的一切费用，以及海运费和从转运港运至目的港的保险费。

或报CIP（指定目的地）价（即Carriage and Insurance Paid to，运费和保险费付至目的地），卖方负责与承运人签订运输协议，并承担货物运至目的地的运费和保险费。

上述EXW、FOB、FCA、CIF、CIP等用于说明各方责任的贸易术语应按照国际商会现行《国际贸易术语解释通则》（Incoterms）解释。

（二）分项报价内容

1. 标准材料及标准设备招标分项报价

根据国家发展和改革委员会、工业和信息化部、住房和城乡建设部、交通运输部、水利部、商务部、国家新闻出版广电总局、国家铁路局、中国民用航空局九部委2017年联合印发的《标准材料采购招标文件》和《标准设备采购招标文件》，投标人应充分了解项目的总体情况以及影响投标报价的要素；投标人应按招标文件对"投标文件格式"的要求，在投标函中进行报价并填写分项报价表说明和分项报价表。

分项报价表的内容包括：

（1）分项名称；

（2）单位；

（3）数量；

（4）单价（元）；

（5）总价（元）；

（6）合计报价。

投标报价为各分项报价金额之和，如投标人在投标截止时间前修改投标函中的投标报价总额，则应同时修改投标文件分项报价表中的相应报价。

2. 大中型机电设备招标分项报价

根据商务部对外贸易司（国家机电办）2014年印发的《机电产品国际招标标准招标文件（试行）》，大中型机电设备采购招标文件中应提供投标分项报价表的格式，投标人应当根据招标文件要求和产品技术要求在分项报价表上列出供货产品清单及分项报价和总价。

投标分项报价表的具体内容包括：

（1）供货分项类别：

1）主机和标准附件；

2）备品备件；

3）专用工具；

4）安装、调试、检验；

5）培训；

6）技术服务；

7）其他。

（2）有关境内供货的，对上述类别内容分别填报如下报价信息：

1）型号和规格；

2）数量；

3）原产地和制造商名称；

4）单价（注明装运地点）；

5）总价；

6）至最终目的地的运费和保险费。

（3）有关境外供货的，则应按要求填报如下报价信息：

1）型号和规格；

2）数量；

3）原产地和制造商名称；

4）FOB/FCA单价（注明装运港或装运地点）；

5）CIF/CIP单价（注明目的港或目的地）；

6）CIF/CIP总价；

7）至最终目的地的内陆运费和保险费。

第二节　材料采购招标

一、材料采购招标方式和资格要求

（一）材料采购招标方式

建设工程材料招标可以采用公开招标或邀请招标的方式。在招标程序上与勘察设计和施工招标基本相同，但在评标的评审要素和量化比较方法上有所不同。

根据国家发展改革委员会等九部委联合印发的《标准材料采购招标文件》，材料采购招标在招标公告或投标邀请书中应列明招标条件、项目概况与招标范围、投标人资格要求、招标文件获取方式、投标文件递交时间地点及方式、招标人联系方式等内容。

其中，在"招标条件"中，应写明本次招标采购的材料名称。

在"项目概况与招标范围"中，应写明招标项目的建设地点、规模、建设工期、标段划分和本次招标采购材料的名称、数量、技术规格、交货地点、交货期等。

（二）对投标人的资格要求

在建设工程项目货物采购招标中，只有通过资格审查的投标人才能是合格的投标人，资格审查可采用资格预审或资格后审的方式，通过资格审查保证合格的投标人均具备履行合同的能力。

通常情况下，对投标人的资格要求主要包括如下方面：

（1）具有独立订立合同的能力。

（2）在专业技术、设备设施、人员组织、业绩经验等方面具有设计、制造、质量控制、经营管理的相应资格和能力。

（3）具有完善的质量保证体系。

（4）业绩良好。具有设计、制造与招标材料相同或相近材料的供货业绩及运行经验。

（5）有良好的银行信用和商业信誉等。

二、材料采购招标文件的编制

（一）编制招标文件

招标人应根据所采购材料的特点和需要编制招标文件，国家发展改革委员会等九部委联合印发的《标准材料采购招标文件》规定，材料采购招标文件的内容包括：

（1）招标公告或投标邀请书；

（2）投标人须知；

（3）评标办法；

（4）合同条款及格式；

（5）供货要求；

（6）投标文件格式；

（7）投标人须知前附表规定的其他资料。

招标人在招标文件中，应根据需要对工程项目的概况进行介绍，以帮助投标人准确地了解供货的总体要求和相关信息。招标文件应清晰地对材料的需求，包括所要求提供的材料名称、规格、数量及单位、交货期、交货地点、技术性能指标、检验考核要求、技术服务和质保期服务要求等作出说明。

国家发展和改革委员会、建设部、交通部、铁道部、水利部、信息产业部、中国民用航空总局七部委 2005 年联合发布（2013 年修订）的《工程建设项目货物招标投标办法》规定，应在招标文件中明确实质性要求和条件，说明不满足其中任何一项实质性要求和条件的投标将被拒绝。对于非实质性要求和条件，应规定允许偏差的最大范围、最高项数，以及对这些偏差进行调整的方法。

招标人允许中标人对非主体货物进行分包的，应当在招标文件中载明。主要材料或者供货合同的主要部分不得要求或者允许分包。

（二）供货要求

根据国家发展改革委员会等九部委联合印发的《标准材料采购招标文件》，建设工程

材料招标的供货要求应包括：材料名称、规格、数量及单位、交货期、交货地点、质量标准、验收标准和相关服务要求等。

其中，标的物的名称要使用正式、标准名称的全称，并符合国家标准、国际标准或行业标准；数量及单位是对投标标的物的计量要求，要写清数量的计量单位和计量方法，避免使用有歧义的计量单位，如：车、包、捆等；相关服务要求，应在招标文件中写明要求供货方提供的与供货材料有关的辅助服务，如：为买方检验、使用和修补材料提供技术指导、培训、协助等。

（三）投标文件内容及要求

根据国家发展改革委员会等九部委《标准材料采购招标文件》，材料采购投标文件应包括下列内容：

（1）投标函及投标函附录；

（2）法定代表人身份证明或授权委托书；

（3）联合体协议书；

（4）投标保证金；

（5）商务和技术偏差表；

（6）分项报价表；

（7）资格审查资料；

（8）投标材料质量标准；

（9）技术支持资料；

（10）相关服务计划；

（11）投标人须知前附表规定的其他资料。

投标人应当按照招标文件的要求编制投标文件，根据自己的商务能力、技术水平对招标文件提出的要求和条件在投标文件中作出实质性响应。

投标人根据招标文件载明的货物实际情况，拟在中标后将供货合同中的非主要部分进行分包的，应当在投标文件中载明。除非招标文件中规定允许有备选方案，否则，只允许投标人提供一个投标方案。

《招标投标法》规定，招标人应当确定投标人编制投标文件所需的合理时间。依法必须进行招标的货物，自招标文件开始发出之日起至投标人提交投标文件截止之日止，最短不得少于 20 日。

（四）投标保证金

招标人可以在招标文件中要求投标人以自己的名义提交投标保证金。投标保证金一般不得超过项目估算价的 2%，但最高不得超过 80 万元人民币。

投标人应当按照招标文件要求的方式和金额，在提交投标文件截止时间前将投标保证金提交给招标人或其委托的招标代理机构。投标保证金可以是招标人认可的银行出具的银行保函、保兑支票、银行汇票、现金支票、现金，也可以是其他合法担保形式。依法必须进行招标的项目的境内投标单位，以现金或者支票形式提交的投标保证金应当从其基本账户转出。投标保证金有效期应当与投标有效期一致。

《招标投标法实施条例》还规定，招标文件要求中标人提交履约保证金的，履约保证金不得超过中标合同金额的 10%。

（五）投标响应要求

投标文件应当对招标文件的实质性要求和条件作出满足性或更有利于招标人的响应，否则，投标人的投标将被否决。

根据国家发展改革委员会等九部委《标准材料采购招标文件》的规定，对于工程材料招标，投标人应根据招标文件的要求提供投标材料质量标准的详细描述、技术支持资料及相关服务计划等内容，以对招标文件作出响应。如果有商务偏差或技术偏差，则投标文件对招标文件的全部偏差，均应在投标文件的商务和技术偏差表中列明，写清投标文件与招标文件存在偏差之处的具体章节及条款号，并对偏差情况予以如实说明。除列明的内容外，视为投标人响应招标文件的全部要求。投标文件的偏差超出招标文件规定的偏差范围或最高项数的，投标将被否决。

三、材料采购的评标

（一）评标方法

建设工程材料采购评标要全面比较货物产品的价格、使用功能、质量标准、技术工艺、售后服务等因素，优选性价比高的产品，因此，在满足使用功能和质量标准的条件下，投标报价往往成为影响中标的主要因素。

材料采购的评标通常可选择综合评估法或最低评标价法。

1. 综合评估法

即评标委员会按招标文件中规定的评估指标及其量化因素和分值进行评分，包括投标人的商务评分、投标报价评分、技术评分及其他因素评分，进而计算出综合评估得分。符合招标文件要求且得分最高的投标人推荐为中标候选人。

2. 最低评标价法

该方法以投标价为基础，将评审各要素按预定方法换算成相应价格值，增加或减少到报价上形成评标价。在投标价之外还需考虑的因素通常包括运输费用、交货期、付款条件、零配件、售后服务、产品性能、生产能力等。针对每位合格的投标人，将上述的评标价调整值加到报价上，形成该投标人的评标价。按照评标价由低到高的顺序排列，最低评标价的投标书最优。该方法既适用于技术简单或技术规格、性能、制作工艺要求统一的货物采购的评标，也适用于机组、车辆等大型设备采购的评标。

评标方法和标准应当作为招标文件的一部分并对潜在投标人公开，招标文件中没有规定的评标方法和标准不得作为评标依据。

（二）评标程序和内容

与设计和施工评标程序方法类似，建设工程材料采购评标也可分为初步评审和详细评审两个阶段。

1. 初步评审

根据国家发展改革委员会等九部委《标准材料采购招标文件》，初步评审包括形式评审、资格评审和响应性评审：

（1）形式评审主要审查投标人名称、投标函签字盖章、投标文件格式、联合体协议书等是否符合招标文件的规定。

（2）资格评审主要审查营业执照和组织机构代码证、资质要求、财务要求、业绩要求、信誉要求等是否符合规定。

（3）响应性评审则主要审查投标报价、投标内容、交货期、质量要求、投标有效期、投标保证金、权利义务、投标材料及相关服务等是否符合规定。

评标委员会可用书面方式要求投标人对投标文件中含义不明确、对同类问题表述不一致或者有明显文字和计算错误的内容作必要的澄清、说明或补正。投标报价有算术错误及其他错误的，评标委员会按以下原则对投标报价进行修正，并要求投标人书面澄清确认，投标人拒不澄清确认的，评标委员会应当否决其投标：

1）投标文件中的大写金额与小写金额不一致的，以大写金额为准；

2）总价金额与单价金额不一致的，以单价金额为准，但单价金额小数点有明显错误的除外；

3）投标报价为各分项报价金额之和，投标报价与分项报价的合价不一致，应以各分项合价累计数为准，修正投标报价；

4）如果分项报价中存在缺漏项，则视为缺漏项价格已包含在其他分项报价之中。

2．详细评审

这里以最低评标价法为例。

评标委员会按招标文件规定的评标价格调整方法进行必要的价格调整，并编制标价比较表，价格调整因素包括交货期、付款条件等。

根据商务部印发的《机电产品国际招标标准招标文件（试行）》，可采取如下方式：

（1）评标总价的计算方法

计算评标总价时，以货物到达招标人指定到货地点为依据。有价格调整的，计算评标总价时，包含偏离加价。以投标人提供的是国内货物为例，评标总价的计算方法如下：

评标总价＝出厂价(含增值税)＋消费税(如适用)＋运输、保险费＋缺漏项加价＋技术商务偏离加价＋其他费用

（2）价格调整因素

除考虑投标人的报价之外，评标委员会要按照招标文件的规定选定价格调整因素并提出量化方法，列举如下：

1）运输费、保险费及其他辅助服务的费用

如果招标文件中要求投标人在投标时报从出厂地运抵指明的项目现场所发生的运输、保险及其他辅助服务的费用，评标委员会将把该费用加到出厂价上。

2）投标文件申报的交货期

投标项下的货物按照招标文件中规定的时间交货。以规定的时间为基础，在可接受的交货时间范围内，每超过基础时间一周，其评标价将按在投标价的基础上增加招标文件中规定的投标价的某一百分比（如交付货价的 0.5％）来考虑。提前交货不考虑降低评标价，因为提前交货并不能使工程获得收益，还可能增加仓储和保护费用。

3）付款条件的偏差

合同条款中规定了招标人提出的付款计划。如果投标文件对此有偏离但又属招标文件允许的，评标时将按招标文件中规定的利率计算提前支付所产生的利息，并将其计入其评标价中。例如合同条款中规定预付款为合同总价的 15％，如果投标人提出预付款需按合同总价的 20％支付，则可按招标文件规定的年利率计算出合同总价 5％提前付款后的利息，在评标价中加上这笔金额。

4）材料性能

投标人应响应技术规格中的规定，说明所提供的货物保证达到的性能。高于标准的，不考虑降低评标价；低于标准性能的（假设为100％），每低一个百分点，投标价将增加招标文件中规定的调整金额。

（3）确定中标候选人

在投标满足招标文件商务、技术等实质性要求的前提下，评标委员会按照招标文件中评标办法的规定，确定各投标人的最终评标价格，并根据招标文件中规定的中标候选人数量，按投标人评标价格由低到高的顺序确定中标候选人（投标报价低于其成本的除外）。评标价格最低者为排名第一的中标候选人。

第三节　设 备 采 购 招 标

建设工程设备采购在招标方式、投标人资格要求、招标文件编制、投标文件内容、投标保证金和投标响应等方面的形式要求上与建设工程材料采购招标的形式要求基本一致，在供货要求和评标方法上既有与材料采购招标的相通之处，也有其自身的工作内容和特点。

一、设备招标供货及服务要求

根据国家发展改革委员会等九部委联合印发的《标准设备采购招标文件》，建设工程设备招标的供货要求应包括：设备名称、规格、数量及单位、交货期、交货地点、技术性能指标、检验考核要求、技术服务和质保期服务要求等。不仅涉及合同设备的制造、运输，还涉及技术资料、安装、调试、考核、验收、技术服务及质量保证等。相关内容定义如下：

（1）合同设备，指卖方按合同约定应向买方提供的设备、装置、备品、备件、易损易耗件、配套使用的软件或其他辅助电子应用程序及技术资料，或其中任何一部分。

（2）技术资料，指各种纸质及电子载体的与合同设备的设计、检验、安装、调试、考核、操作、维修以及保养等有关的技术指标、规格、图纸和说明文件。

（3）安装，指对合同设备进行的组装、连接以及根据需要将合同设备固定在施工场地内一定的位置上，使其就位并与相关设备、工程实现连接。

（4）调试，指在合同设备安装完成后，对合同设备所进行的调校和测试。

（5）考核，指在合同设备调试完成后，对合同设备进行的用于确定其是否达到合同约定的技术性能考核指标的考核。

（6）验收，则指合同设备通过考核达到约定的技术性能考核指标后，买方作出的接受合同设备的确认。招标人应对合同设备在考核中应达到的技术性能考核指标进行规定。

（7）技术服务，指卖方按合同约定，在合同设备验收前，向买方提供的安装、调试服务，或者在由买方负责的安装、调试、考核中对买方进行的技术指导、协助、监督和培训等。

（8）质量保证期，指合同设备验收后，卖方按合同约定保证合同设备适当、稳定运行，并消除合同设备故障的期限。

（9）质保期服务，指在质量保证期内，卖方向买方提供的合同设备维护服务、咨询服务、技术指导、协助以及对出现故障的合同设备进行修理或更换的服务。

此外，根据商务部印发的《机电产品国际招标标准招标文件（试行）》的规定，机电设备招标的范围除了交付约定的机组设备外，还包括"伴随服务"，即根据合同规定卖方承担与供货有关的辅助服务，如运输、保险、安装、调试、提供技术援助、培训和合同中规定卖方应承担的义务，一般包括：

（1）实施或监督所供货物的现场组装和试运行；

（2）提供货物组装和维修所需的工具；

（3）为所供货物的每一适当的单台设备提供详细的操作和维护手册；

（4）在双方商定的一定期限内对所供货物实施运行或监督或维护或修理，但该服务并不能免除卖方在合同保证期内所承担的义务；

（5）在卖方厂家和/或在项目现场就所供货物的组装、试运行、运行、维护和/或修理对买方人员进行培训。

卖方应提供合同专用条款/技术规格中规定的所有服务，可规定将为履行要求的伴随服务的报价或双方商定的费用包括在合同价中；如果卖方提供的伴随服务的费用未含在货物的合同价中，双方应事先就其达成协议，但其费用单价不应超过卖方向其他人提供类似服务所收取的现行单价。

二、设备招标工作要点

（一）设备招标及报价注意事项

（1）对工程成套设备的供应，投标人可以是生产厂家，也可以是工程公司或贸易公司，为了保证设备供应并按期交货，如工程公司或贸易公司为投标人，必须提供生产厂家同意其在本次投标中提供该货物的正式授权书，一个生产厂家对同一品牌同一型号的材料和设备，仅能委托一个代理商参加投标。

（2）对大型设备采购招标，由于产品设计和制造的难度及复杂性，对生产厂家应有较高的资质和能力条件的要求，须具有相应的制造能力，尤其是制作同类型产品的经验，以确保标的物能够保质保量、按期交货。

（3）与通用材料的采购相比较，设备采购，尤其是大型成套设备采购，买卖双方权利和义务关系涉及的内容多、期限较长。合同的责任包括产品设计、原材料供应、生产加工、包装运输、到货开箱检验、安装或安装指导、设备调试、启动及试运行、质量保修以及保修期满后的服务等内容，应针对不同阶段设定明确要求。

（4）编写工作范围时，应注意写明具体采购货物的形式、规格和性能要求、结构要求、结合部位要求、附属设备以及土建工程的限制条件。还应注意说明供应的主辅机设备、连接部件等与土建工程和其他工程项目的分界面，必要时用图纸细分明确。

（5）报价分析不仅要考虑设备本体和辅助设备的费用，也要考虑大件运输、安装、调试、专用工具等的费用；还要考虑售后维修服务人员培训、备品备件、软件升级等的可获得性和费用。

（6）招标文件应明确规定，是否允许投标人提供可供选择的替代方案，以及可接受的替代方案的范围和要求，以便投标者做出响应。

（二）招标人编制技术性能指标注意事项

对建设工程设备招标，招标人编制技术性能指标应注意如下方面：

（1）技术性能指标是评价投标文件技术响应性的标准，因此，应将技术性能指标规定明确、全面，以有助于投标人编制响应性的投标文件，也有助于评标委员会审查、评审和比较投标文件。

（2）技术性能指标应具有适当的广泛性，以免在生产制造设备时对普遍使用的工艺、材料和设备造成限制；同时，主要技术性能指标还要具体准确，不宜有过大的响应幅度，以免投标报价差异过大，不利于比选。

（3）招标文件中规定的工艺、材料和设备的标准不得有限制性，应尽可能地采用国家标准。法律法规对设备安全性有特殊要求的，应当符合有关产品质量的强制性国家标准、行业标准。

（4）技术性能指标不得要求或标明某一特定的专利技术、商标、名称、设计、原产地或供应者等，不得含有倾向或者排斥潜在投标人的其他内容。如果必须引用某一供应者的技术规格才能准确或清楚地说明拟招标货物的技术规格时，则应当在参照后面加上"或相当于"的字样。

（5）招标文件应对合同设备在考核中应达到的技术性能考核指标进行规定，并可根据合同设备的实际情况，规定可以接受的合同设备的最低技术性能考核指标。

三、设备采购的评标

与本章第二节材料采购招标的评标类似，建设工程设备采购的评标也可采用综合评估法或评标价法。

（一）综合评估法

商务部印发的《机电产品国际招标标准招标文件（试行）》，既适用于国际招标，也适用于国内招标，根据该文件，在招标文件中可规定采用综合评估法进行评标，该方法适用面广，可用于技术含量高、工艺或技术方案复杂的大型或成套设备等招标项目，具体如下：

1. 价格因素及评价值

将对招标项目的评价因素分成价格、商务、技术、服务等一级评价因素，并可再将一级评价因素细分为若干二级评价因素。评价因素应针对招标项目评价的具体内容，如各种指标、参数、规范、性能、状况等。并根据评价因素的相对重要程度，给出各评价因素的权重，各级评价因素的权重之和等于1。

加权后的评价值称为加权评价值：加权评价值＝评价值×权重。

每家单位的投标文件对评价因素的响应情况构成响应值，包括具体数值、状况、说明等。

每个评标委员会成员对评价因素响应值的评价结果称为独立评价值，评标委员会对评价因素响应值的评价结果形成评价值：

评价值＝评标委员会成员的有效独立评价值之和/有效评委数

最优的评价因素响应值得最高评价值，该最高评价值称为基准评价值，其余的评价因素响应值将依据其优劣程度获得相应的评价值。

2. 价格因素的评价

（1）对投标报价的审核修正或调整

1）如果有算术错误，投标价将按照投标人须知的规定修正。

2）如果有价格变更声明，投标价作相应调整。

3）如有不同货币，统一转换为招标文件规定的评标货币。

4）如有不同的价格条件，以货物到达招标人指定的到货地点为依据进行调整：

① 关境内制造的产品：出厂价（含增值税）＋消费税（如适用）＋运输、保险费＋其他相关费用。

② 投标前已进口的产品：销售价（含进口环节税、销售环节增值税）＋运输、保险费＋其他相关费用。

③ 关境外产品：CIF 价＋进口环节税＋消费税（如适用）＋关境内运输、保险费＋其他相关费用。（采用 CIP、DDP 等其他报价方式的，参照此方法计算）

（2）投标价格评价值的确定

1）按照招标文件的价格评价函数（评价标准）计算投标价格的评价值。

2）招标文件是否设置最高投标限价。如设置，招标文件中应明确最高投标限价金额或最高投标限价的计算方法。若投标人的投标价格超出最高投标限价，其投标将被否决。

3. 商务因素的评价

若招标文件规定，仅对第一级商务评价因素进行综合评价，则由评标委员会成员直接评价：最优的评价因素得基准评价值，其余的评价因素将依据其优劣程度获得相应的评价值。

若招标文件中规定对第二级评价因素分别进行评价，可按下述规定：

（1）交货期

符合招标文件要求的交货期，得基准评价值。在此基础上，每延迟交货一周，将按照招标文件的规定获得相应的评价值。

（2）付款条件和方式

1）符合招标文件要求的付款条件和方式，得基准评价值。在此基础上，将按照招标文件中规定的利率计算提前支付所付的利息及招标人可能增加的风险，并按照规定，依据利息多少及可能增加的风险获得相应的评价值。

2）如果招标文件中规定了最大的偏离范围或规定不允许有偏离，超出最大偏离范围的或有偏离的将被视为非实质性响应投标而被否决。

4. 技术/服务因素的评价

若招标文件规定，仅对第一级技术/服务评价因素进行综合评价，将由评标委员会成员直接评价：最优的评价因素得基准评价值，其余的评价因素依据其优劣程度获得相应的评价值。

若招标文件规定对第二级评价因素分别进行评价，将按文件中规定的计算公式计算评价值；或按文件中规定，由评标委员会成员直接评价：最优的评价因素得基准评价值，其余的评价因素将依据其优劣程度获得相应的评价值。招标文件还可以规定，若投标人的第一级技术评价因素的评价值低于全体有效投标人的平均评价值一定比例以上的，其投标将被否决。

5. 综合评价值的计算

若规定先评价后加权，则投标综合评价值等于第一级各评价因素的加权评价值之和。

若规定先加权后评价，则投标综合评价值等于第一级各评价因素的权重评价值之和。

第四章

评标委员会根据投标综合评价值的高低排出名次。综合评价值相同的，将依照第一级评价因素价格、技术、商务、服务的优先次序，根据其评价值高低进行排序。综合评价最优者为排名第一的中标候选人。

（二）评标价法

评标价法是以货币价格作为评价指标的评价方法，依据招标设备标的性质不同，可采用最低评标价法和以设备寿命周期成本为基础的评标价法。

鉴于最低评标价法已在本章第二节建设工程材料采购招标中列举，这里仅介绍以设备寿命周期成本为基础的评标价法，该方法适用于采购生产线、成套设备、车辆等运行期内各种费用较高的货物，评标时可预先确定一个统一的设备评审寿命期（短于实际寿命期），然后再根据投标书的实际情况在报价上加上该年限运行期间所发生的各项费用，再减去寿命期末设备的残值。计算各项费用和残值时，均应按招标文件规定的贴现率折算成净现值。

该方法是在评标价的基础上，进一步加上一定运行年限内的费用作为评审价格。这些以贴现值计算的费用包括：

（1）估算寿命期内所需的燃料消耗费；

（2）估算寿命期内所需备件及维修费用；

（3）估算寿命期残值。

该方法体现了考虑交货、安装指导、运行、维护等设备全寿命期的费用最小原则。

思 考 题

1. 工程材料设备采购招标有哪些特点？

2. 工程材料设备采购招标文件和投标文件分别有哪些组成内容？

3. 工程材料设备采购通常对投标人的资格有哪些要求？

4. 如何理解较之设计或施工投标，报价对大宗工程材料投标能否中标的影响往往更大？

5. 工程材料采购评标中如何应用最低评标价法计算出评标总价？

6. 工程设备招标文件中的设备技术性能指标的编制应注意哪些问题？

7. 机电产品招标采用综合评估法评标时一般有哪些评价因素？如何确定其评价值？

第五章　建设工程勘察设计合同管理

建设工程勘察合同是指根据建设工程的要求，查明、分析、评价建设场地的地质地理环境特征和岩土工程条件，编制建设工程勘察文件订立的协议。建设工程设计合同是指根据建设工程的要求，对建设工程所需的技术、经济、资源、环境等条件进行综合分析、论证，编制建设工程设计文件的协议。为了保证工程项目的建设质量达到预期的投资目的，实施过程必须遵循项目建设的内在规律，即坚持先勘察、后设计、再施工的程序。

发包人通过招标方式与选择的中标人就委托的勘察、设计任务签订合同。订立合同委托勘察、设计任务是发包人和承包人的自主市场行为，但必须遵守《中华人民共和国合同法》《中华人民共和国建筑法》《建设工程勘察设计管理条例》《建设工程勘察设计市场管理规定》等法律和法规的要求。2017 年 9 月 4 日，为进一步完善标准文件编制规则，构建覆盖主要采购对象、多种合同类型、不同项目规模的标准文件体系，提高招标文件编制质量，促进招标投标活动的公开、公平和公正，营造良好市场竞争环境，国家发展改革委会同工业和信息化部、住房和城乡建设部、交通运输部、水利部、商务部、国家新闻出版广电总局、国家铁路局、中国民用航空局，发布了《标准勘察招标文件》和《标准设计招标文件》，其中，包含有合同条款。本章以《标准勘察招标文件》和《标准设计招标文件》为依据，介绍建设工程勘察、设计合同的内容，并将该合同文本分别简称为九部委勘察合同文本、九部委设计合同文本。

第一节　工程勘察合同订立和履行管理

一、建设工程勘察合同文本的构成

九部委勘察合同文本由通用合同条款、专用合同条款和合同附件格式构成。

（一）适用范围

九部委勘察合同文本适用于依法必须招标的与工程建设有关的勘察项目。九部委勘察合同文本有一项说明：房屋建筑和市政工程等工程勘察项目招标可以使用《建设工程勘察合同（示范文本）》GF－2016－0203。

（二）合同文件

合同文件（或称合同）：指合同协议书、中标通知书、投标函和投标函附录、专用合同条款、通用合同条款、发包人要求、勘察费用清单、勘察纲要，以及其他构成合同组成部分的文件。

"专用合同条款"可对"通用合同条款"进行补充、细化，但除"通用合同条款"明确规定可以作出不同约定外，"专用合同条款"补充和细化的内容不得与"通用合同条款"相抵触，否则抵触内容无效。

组成合同的各项文件应互相解释，互为说明。除专用合同条款另有约定外，解释合同文件的优先顺序如下：（1）合同协议书；（2）中标通知书；（3）投标函及投标函附录；（4）专用合同条款；（5）通用合同条款；（6）发包人要求；（7）勘察费用清单；（8）勘察纲要；（9）其他合同文件。

（三）合同附件格式

九部委勘察合同文本合同附件包括合同协议书和履约保证金格式。勘察人按中标通知书规定的时间与发包人签订合同协议书。除法律另有规定或合同另有约定外，发包人和勘察人的法定代表人或其委托代理人在合同协议书上签字并盖单位章后，合同生效。履约保证金格式要求，如采用银行保函，应当提供无条件地、不可撤销担保。担保有效期自发包人与勘察人签订的合同生效之日起至发包人签收最后一批勘察成果文件之日起 28 日后失效。在本担保有效期内，如果勘察人不履行合同约定的义务或其履行不符合合同的约定，担保人在收到发包人以书面形式提出的在担保金额内的赔偿要求后，在 7 日内无条件支付。发包人和勘察人变更合同时，无论担保人是否收到该变更，担保人承担担保规定的义务不变。

二、建设工程勘察合同的内容和合同当事人

（一）建设工程勘察合同委托的工作内容

建设工程勘察合同是指发包人与勘察人就完成建设工程地理、地质状况的调查研究工作而达成的明确双方权利、义务的协议。建设工程勘察合同的内容指勘察人根据建设工程的要求，查明、分析、评价建设场地的地质地理环境特征和岩土工程条件，编制建设工程勘察文件的活动。勘察服务内容、勘察范围等在专用合同条款中约定。

（二）建设工程勘察合同当事人

建设工程勘察合同当事人包括发包人和勘察人。发包人通常可能是工程建设项目的建设单位或者工程总承包单位。勘察工作是一项专业性很强的工作，是工程质量保障的基础。因此，国家对勘察合同的勘察人有严格的管理制度。勘察人必须具备以下条件：

（1）依据我国法律规定，作为承包人的勘察单位必须具备法人资格，任何其他组织和个人均不能成为承包人。这不仅是因为建设工程项目具有投资大、周期长、质量要求高、技术要求强、事关国计民生等特点，还因为勘察设计是工程建设的重中之重，影响整个工程建设的成败，因此一般的非法人组织和自然人是无法承担的。

（2）建设工程勘察合同的承包方须持有工商行政管理部门核发的企业法人营业执照，并且必须在其核准的经营范围内从事建设活动。超越其经营范围订立的建设工程勘察合同为无效合同。因为建设工程勘察业务需要专门的技术和设备，只有取得相应资质的企业才能经营。

（3）建设工程勘察合同的承包方必须持有建设行政主管部门颁发的工程勘察资质证书、工程勘察收费资格证书，而且应当在其资质等级许可的范围内承揽建设工程勘察业务。

关于建设工程勘察设计企业资质管理制度，我国法律、行政法规以及大量的规章均作了十分具体的规定。建设工程勘察、设计企业应当按照其拥有的注册资本、专业技术、人员、技术装备和勘察设计业绩等条件申请资质，经审查合格，取得建设工程勘察、设计资质证书后，方可在资质等级许可的范围内从事建设工程勘察、设计活动。取得资质证书的建设工程勘察、设计企业可以从事相应的建设工程勘察、设计咨询和技术服务。

（三）订立建设工程勘察合同时应约定的内容

1. 勘察依据

除专用合同条款另有约定外，工程的勘察依据如下：（1）适用的法律、行政法规及部门规章；（2）与工程有关的规范、标准、规程；（3）工程基础资料及其他文件；（4）本勘察服务合同及补充合同；（5）本工程设计和施工需求；（6）合同履行中与勘察服务有关的来往函件；（7）其他勘察依据。

2. 发包人应向勘察人提供的文件资料

发包人应及时向勘察人提供下列文件资料，并对其准确性、可靠性负责，通常包括：

（1）本工程的批准文件（复印件），以及用地（附红线范围）、施工、勘察许可等批件（复印件）。

（2）工程勘察任务委托书、技术要求和工作范围的地形图、建筑总平面布置图。

（3）勘察工作范围已有的技术资料及工程所需的坐标与标高资料。

（4）勘察工作范围地下已有埋藏物的资料（如电力、电信电缆、各种管道、人防设施、洞室等）及具体位置分布图。

（5）其他必要相关资料。

如果发包人不能提供上述资料，一项或多项由勘察人收集时，订立合同时应予以明确，发包人需向勘察人支付相应费用。

3. 发包人义务

（1）遵守法律。发包人在履行合同过程中应遵守法律，并保证勘察人免于承担因发包人违反法律而引起的任何责任。

（2）发出开始勘察通知。发包人应按约定向勘察人发出开始勘察通知。

（3）办理证件和批件。法律规定和（或）合同约定由发包人负责办理的工程建设项目必须履行的各类审批、核准或备案手续，发包人应当按时办理，勘察人应给予必要的协助。法律规定和（或）合同约定由勘察人负责办理的勘察所需的证件和批件，发包人应给予必要的协助。

（4）支付合同价款。发包人应按合同约定向勘察人及时支付合同价款。

（5）提供勘察资料。发包人应按约定向勘察人提供勘察资料。

（6）其他义务。发包人应履行合同约定的其他义务。

4. 勘察人的一般义务

（1）遵守法律。勘察人在履行合同过程中应遵守法律，并保证发包人免于承担因勘察人违反法律而引起的任何责任。

（2）依法纳税。勘察人应按有关法律规定纳税，应缴纳的税金（含增值税）包括在合同价格之中。

（3）完成全部勘察工作。勘察人应按合同约定以及发包人要求，完成合同约定的全部工作，并对工作中的任何缺陷进行整改、完善和修补，使其满足合同约定的目的。勘察人应按合同约定提供勘察文件，以及为完成勘察服务所需的劳务、材料、勘察设备、实验设施等，并应自行承担勘探场地临时设施的搭设、维护、管理和拆除。

（4）保证勘察作业规范、安全和环保。勘察人应按法律、规范标准和发包人要求，采取各项有效措施，确保勘察作业操作规范、安全、文明和环保，在风险性较大的环境中作业时应当编制安全防护方案并制定应急预案，防止因勘察作业造成的人身伤害和财产损失。

（5）避免勘探对公众与他人的利益造成损害。勘察人在进行合同约定的各项工作时，不得侵害发包人与他人使用公用道路、水源、市政管网等公共设施的权利，避免对邻近的公共设施产生干扰，保证勘探场地的周边设施、建构筑物、地下管线、架空线和其他物体的安全运行。勘察人占用或使用他人的施工场地，影响他人作业或生活的，应承担相应责任。

（6）其他义务。勘察人应履行合同约定的其他义务。

三、建设工程勘察合同履行管理

（一）发包人管理

1. 发包人代表

除专用合同条款另有约定外，发包人应在合同签订后 14 天内，将发包人代表的姓名、职务、联系方式、授权范围和授权期限书面通知勘察人，由发包人代表在其授权范围和授权期限内，代表发包人行使权利、履行义务和处理合同履行中的具体事宜。发包人代表在授权范围内的行为由发包人承担法律责任。发包人代表违反法律法规、违背职业道德守则或者不按合同约定履行职责及义务，导致合同无法继续正常履行的，勘察人有权通知发包人更换发包人代表。发包人收到通知后 7 天内，应当核实完毕并将处理结果通知勘察人。发包人代表可以授权发包人的其他人员负责执行其指派的一项或多项工作。发包人代表应将被授权人员的姓名及其授权范围通知勘察人。被授权人员在授权范围内发出的指示视为已得到发包人代表的同意，与发包人代表发出的指示具有同等效力。

2. 监理人

发包人可以根据工程建设需要确定是否委托监理人进行勘察监理。如果委托监理，则监理人享有合同约定的权力，其所发出的任何指示应视为已得到发包人的批准。监理人的监理范围、职责权限和总监理工程师信息，应在专用合同条款中指明。未经发包人批准，监理人无权修改合同。合同约定应由勘察人承担的义务和责任，不因监理人对勘察文件的审查或批准，以及为实施监理作出的指示等职务行为而减轻或解除。

3. 发包人的指示

发包人应按合同约定向勘察人发出指示，发包人的指示应盖有发包人单位章，并由发包人代表签字确认。勘察人收到发包人作出的指示后应遵照执行。在紧急情况下，发包人代表或其授权人员可以当场签发临时书面指示，勘察人应遵照执行。发包人代表应在临时书面指示发出后 24 小时内发出书面确认函，逾期未发出书面确认函的，该临时书面指示应被视为发包人的正式指示。

4. 决定或答复

发包人在法律允许的范围内有权对勘察人的勘察工作和/或勘察文件作出处理决定，勘察人应按照发包人的决定执行，涉及勘察服务期限或勘察费用等问题按第 11 条的约定处理。发包人应在专用合同条款约定的时间之内，对勘察人书面提出的事项作出书面答复；逾期没有做出答复的，视为已获得发包人的批准。

（二）项目负责人

1. 项目负责人的指派

勘察人应按合同协议书的约定指派项目负责人，并在约定的期限内到职。勘察人更换项目负责人应事先征得发包人同意，并应在更换 14 天前将拟更换的项目负责人的姓名和详细资料提交发包人。项目负责人 2 天内不能履行职责的，应事先征得发包人同意，并委

派代表代行其职责。

2. 项目负责人的职责

项目负责人应按合同约定以及发包人要求，负责组织合同工作的实施。在情况紧急且无法与发包人取得联系时，可采取保证工程和人员生命财产安全的紧急措施，并在采取措施后 24 小时内向发包人提交书面报告。

3. 勘察人函件的要求

勘察人为履行合同发出的一切函件均应盖有勘察人单位章，并由勘察人的项目负责人签字确认。按照专用合同条款约定，项目负责人可以授权其下属人员履行其某项职责，但事先应将这些人员的姓名和授权范围书面通知发包人。

（三）勘察要求

1. 一般要求

发包人应当遵守法律和规范标准，不得以任何理由要求勘察人违反法律和工程质量、安全标准进行勘察服务，降低工程质量。勘察人应按照法律规定，以及国家、行业和地方的规范和标准完成勘察工作，并应符合发包人要求。各项规范、标准和发包人要求之间如对同一内容的描述不一致时，应以描述更为严格的内容为准。

除专用合同条款另有约定外，勘察人完成勘察工作所应遵守的法律规定，以及国家、行业和地方的规范和标准，均应视为在基准日适用的版本。基准日之后，前述版本发生重大变化，或者有新的法律，以及国家、行业和地方的规范和标准实施的，勘察人应向发包人提出遵守新规定的建议。发包人应在收到建议后 7 天内发出是否遵守新规定的指示。

2. 勘察作业要求

（1）测绘要求：

1）除专用合同条款另有约定外，发包人应在开始勘察前 7 日内，向勘察人提供测量基准点、水准点和书面资料等；勘察人应根据国家测绘基准、测绘系统和工程测量技术规范，按发包人要求的基准点以及合同工程精度要求，进行测绘。

2）勘察人测绘之前，应当认真核对测绘数据，保证引用数据和原始数据准确无误。测绘工作应由测量人员如实记录，不得补记、涂改或者损坏。

3）工程勘探之前，勘察人应当严格按照勘察方案的孔位坐标，进行测量放线并在实地位置定位，埋设带有编号且不易移动的标志桩进行定位控制。

（2）勘探要求：

1）勘察人应当根据勘察目的和岩土特性，合理选择钻探、井探、槽探、洞探和地球物理勘探等勘探方法，为完成合同约定的勘察任务创造条件。勘察人对于勘察方法的正确性、适用性和可靠性完全负责。

2）勘察人布置勘探工作时，应当充分考虑勘探方法对于自然环境、周边设施、建构筑物、地下管线、架空线和其他物体的影响，采用切实有效的措施进行防范控制，不得造成损坏或中断运行，否则由此导致的费用增加和（或）周期延误由勘察人自行承担。

3）勘察人应在标定的孔位处进行勘探，不得随意改动位置。勘探方法、勘探机具、勘探记录、取样编录与描述、孔位标记、孔位封闭等事项，应当严格执行规范标准，按实填写勘探报表和勘探日志。

4）勘探工作完成后，勘察人应当按照规范要求及时封孔，并将封孔记录整理存档，勘探场地应当地面平整、清洁卫生，并通知发包人、行政主管部门及使用维护单位进行现场验收。验收通过之后如果发生沉陷，勘察人应当及时进行二次封孔和现场验收。

（3）取样要求：

1）勘察人应当针对不同的岩土地质，按照勘探取样规范规程中的相关规定，根据地层特征、取样深度、设备条件和试验项目的不同，合理选用取样方法和取样工具进行取样，包括并不限于土样、水样、岩芯等。

2）取样后的样品应当根据其类别、性质和特点等进行封装、贮存和运输。样品搬运之前，宜用数码相机进行现场拍照；运输途中应当采用柔软材料充填、尽量避免振动和阳光曝晒；装卸之时尽量轻拿轻放，以免样品损坏。

3）取样后的样品应当填写和粘贴标签，标签内容包括并不限于工程名称、孔号、样品编号、取样深度、样品名称、取样日期、取样人姓名、施工机组等。

（4）试验要求：

1）勘察人应当根据岩土条件、设计要求、勘察经验和测试方法特点，选用合适的原位测试方法和勘察设备进行原位测试。原位测试成果应与室内试验数据进行对比分析，检验其可靠性。

2）勘察人的试验室应当通过行业管理部门认可的 CMA 计量认证，具有相应的资格证书、试验人员和试验条件，否则应当委托第三方试验室进行室内试验。

3）勘察人应在试验之前按照要求清点样品数目，认定取样质量及数量是否满足试验需要；勘察设备应当检定合格，性能参数满足试验要求，严格按照规范标准的相应规定进行试验操作；试验之后应在有效期内保留备样，以备复核试验成果之用，并按规范标准规定处理余土和废液，符合环境保护、健康卫生等要求。

4）试验报告的格式应当符合 CMA 计量认证体系要求，加盖 CMA 章并由试验负责人签字确认；试验负责人应当通过计量认证考核，并由项目负责人授权许可。

3. 临时占地和设施要求

勘察人应当根据勘察服务方案制订临时占地计划，报请发包人批准。位于本工程区域内的临时占地，由发包人协调提供。位于道路、绿化或者其他市政设施内的临时占地，由勘察人向行政管理部门报建申请，按照要求制定占地施工方案，并据此实施。临时占地使用完毕后，勘察人应当按照发包人要求或行政管理部门规定恢复临时占地。如果恢复或清理标准不能满足要求的，发包人有权委托他人代为恢复或清理，由此发生的费用从拟支付给勘察人的勘察费用中扣除。

勘察人应当配备或搭设足够的临时设施，保证勘探工作能够正常开展。临时设施包括并不限于施工围挡、交通疏导设施、安全防范设施、钻机防护设施、安全文明施工设施、办公生活用房、取样存放场所等。临时设施应当满足规范标准、发包人要求和行政管理部门的规定等。除专用合同条款另有约定外，临时设施的修建、拆除和恢复费用由勘察人自行承担。

4. 安全作业要求

勘察人应按合同约定履行安全职责，执行发包人有关安全工作的指示，并在专用合同条款约定的期限内，按合同约定的安全工作内容，编制安全措施计划报送发包人批准。勘察人应当严格执行操作规程，采取有效措施保证道路、桥梁、交通安全设施、建构筑物、地下管线、架空线和其他周边设施等安全正常地运行。

勘察人应当按照法律、法规和工程建设强制性标准进行勘察，加强勘察作业安全管理，特别加强易燃、易爆材料、火工器材、有毒与腐蚀性材料和其他危险品的管理。勘察人应严格按照国家安全标准制定施工安全操作规程，配备必要的安全生产和劳动保护设施，加强对勘察人人员的安全教育，并且发放安全工作手册和劳动保护用具。

勘察人应按发包人的指示制定应对灾害的紧急预案，报送发包人批准。勘察人还应按预案做好安全检查，配置必要的救助物资和器材，切实保护好有关人员的人身和财产安全。

5. 环境保护要求

勘察人在履行合同过程中，应遵守有关环境保护的法律，履行合同约定的环境保护义务，并对违反法律和合同约定义务所造成的环境破坏、人身伤害和财产损失负责。勘察人应按合同约定的环保工作内容，编制环保措施计划，报送发包人批准。勘察人应确保勘探过程中产生的气体排放物、粉尘、噪声、地面排水及排污等，符合法律规定和发包人要求。

6. 事故处理要求

合同履行过程中发生事故的，勘察人应立即通知发包人。发包人和勘察人应立即组织人员和设备进行紧急抢救和抢修，减少人员伤亡和财产损失，防止事故扩大，并保护事故现场。需要移动现场物品时，应作出标记和书面记录，妥善保管有关证据。发包人和勘察人应按国家有关规定，及时如实地向有关部门报告事故发生的情况，以及正在采取的紧急措施等。

7. 勘察文件要求

勘察文件的编制应符合法律法规、规范标准的强制性规定和发包人要求，相关勘察依据应完整、准确、可靠，勘察方案论证充分，计算成果规范可靠，并能够实施。勘察文件的深度应满足本合同相应勘察阶段的规定要求，满足发包人的下一步工作需要，并应符合国家和行业现行规定。

（四）合同价格与支付

1. 合同价格

勘察合同的价款确定方式、调整方式和风险范围划分，在专用合同条款中约定。

勘察费用实行发包人签证制度，即勘察人完成勘察项目后通知发包人进行验收，通过验收后由发包人代表对实施的勘察项目、数量、质量和实施时间签字确认，以此作为计算勘察费用的依据之一。

除专用合同条款另有约定外，合同价格应当包括收集资料，踏勘现场，制订纲要，进行测绘、勘探、取样、试验、测试、分析、评估、配合审查等，编制勘察文件，设计施工配合，青苗和园林绿化补偿，占地补偿，扰民及民扰，占道施工，安全防护、文明施工、环境保护，农民工工伤保险等全部费用和国家规定的增值税税金。

发包人要求勘察人进行外出考察、试验检测、专项咨询或专家评审时，相应费用不含在合同价格之中，由发包人另行支付。

2. 定金或预付款

定金或预付款应专用于本工程的勘察。定金或预付款的额度、支付方式及抵扣方式在专用合同条款中约定。发包人应在收到定金或预付款支付申请后 28 天内，将定金或预付款支付给勘察人；勘察人应当提供等额的增值税发票。勘察服务完成之前，由于不可抗力或其他非勘察人的原因解除合同时，定金不予退还。

3. 中期支付

勘察人应按发包人批准或专用合同条款约定的格式及份数，向发包人提交中期支付申请，并附相应的支持性证明文件。发包人应在收到中期支付申请后的 28 天内，将应付款项支付给勘察人；勘察人应当提供等额的增值税发票。发包人未能在前述时间内完成审批或不予答复的，视为发包人同意中期支付申请。发包人不按期支付的，按专用合同条款的约定支付逾期付款违约金。中期支付涉及政府投资资金的，按照国库集中支付等国家相关规定和专用合同条款的约定执行。

4. 费用结算

合同工作完成后，勘察人可按专用合同条款约定的份数和期限，向发包人提交勘察费用结算申请，并提供相关证明材料。发包人应在收到费用结算申请后的 28 天内，将应付款项支付给勘察人；勘察人应当提供等额的增值税发票。发包人未能在前述时间内完成审批或不予答复的，视为发包人同意费用结算申请。发包人不按期支付的，按专用合同条款的约定支付逾期付款违约金。发包人对费用结算申请内容有异议的，有权要求勘察人进行修正和提供补充资料，由勘察人重新提交。

（五）违约责任

1. 勘察人违约

合同履行中发生下列情况之一的，属勘察人违约：

（1）勘察文件不符合法律以及合同约定；

（2）勘察人转包、违法分包或者未经发包人同意擅自分包；

（3）勘察人未按合同计划完成勘察，从而造成工程损失；

（4）勘察人无法履行或停止履行合同；

（5）勘察人不履行合同约定的其他义务。

勘察人发生违约情况时，发包人可向勘察人发出整改通知，要求其在限定期限内纠正；逾期仍不纠正的，发包人有权解除合同并向勘察人发出解除合同通知。勘察人应当承担由于违约所造成的费用增加、周期延误和发包人损失等。

2. 发包人违约

合同履行中发生下列情况之一的，属发包人违约：

（1）发包人未按合同约定支付勘察费用；

（2）发包人原因造成勘察停止；

（3）发包人无法履行或停止履行合同；

（4）发包人不履行合同约定的其他义务。

发包人发生违约情况时，勘察人可向发包人发出暂停勘察通知，要求其在限定期限内纠正；逾期仍不纠正的，勘察人有权解除合同并向发包人发出解除合同通知。发包人应当承担由于违约所造成的费用增加、周期延误和勘察人损失等。

3. 第三人造成的违约

在履行合同过程中，一方当事人因第三人的原因造成违约的，应当向对方当事人承担违约责任。一方当事人和第三人之间的纠纷，依照法律规定或者按照约定解决。

第二节 工程设计合同订立和履行管理

一、建设工程设计合同文本的构成

九部委设计合同文本由通用合同条款、专用合同条款和合同附件格式构成。

1. 适用范围

九部委设计合同文本适用于依法必须招标的与工程建设有关的设计项目。九部委设计合同文本有一项说明：房屋建筑和市政工程等工程设计项目招标可以使用《建设工程设计合同示范文本（房屋建筑工程）》GF－2015－0209、《建设工程设计合同示范文本（专业建设工程）》GF－2015－0210。

2. 合同文件

合同文件（或称合同）：指合同协议书、中标通知书、投标函和投标函附录、专用合同条款、通用合同条款、发包人要求、设计费用清单、设计方案，以及其他构成合同组成部分的文件。

"专用合同条款"可对"通用合同条款"进行补充、细化，但除"通用合同条款"明确规定可以作出不同约定外，"专用合同条款"补充和细化的内容不得与"通用合同条款"相抵触，否则抵触内容无效。

组成合同的各项文件应互相解释，互为说明。除专用合同条款另有约定外，解释合同文件的优先顺序如下：（1）合同协议书；（2）中标通知书；（3）投标函及投标函附录；（4）专用合同条款；（5）通用合同条款；（6）发包人要求；（7）设计费用清单；（8）设计方案；（9）其他合同文件。

3. 合同附件格式

九部委设计合同文本合同附件格式包括合同协议书和履约保证金格式。设计人按中标通知书规定的时间与发包人签订合同协议书。除法律另有规定或合同另有约定外，发包人和设计人的法定代表人或其委托代理人在合同协议书上签字并盖单位章后，合同生效。履约保证金格式要求，如采用银行保函，应当提供无条件地、不可撤销担保。担保有效期自发包人与设计人签订的合同生效之日起至发包人签收最后一批设计成果文件之日起28日后失效。在本担保有效期内，如果设计人不履行合同约定的义务或其履行不符合合同的约定，担保人在收到发包人以书面形式提出的在担保金额内的赔偿要求后，在7日内无条件支付。发包人和设计人变更合同时，无论担保人是否收到该变更，担保人承担担保规定的义务不变。

二、建设工程设计合同的内容和合同当事人

（一）建设工程设计合同的内容

设计是基本建设的重要环节。在建设项目的选址和设计任务书已确定的情况下，建设项目是否能保证技术上先进和经济上合理，设计将起着决定作用。

建设工程设计合同，是指设计人依据约定向发包人提供建设工程设计文件，发包人受

领该成果并按约定支付酬金的合同。建设工程设计合同的内容是指设计人根据建设工程的要求，对建设工程所需的技术、经济、资源、环境等条件进行综合分析、论证，编制建设工程设计文件。

建设工程设计合同的内容所指的建设工程设计范围，包括工程范围、阶段范围和工作范围，具体设计范围应当根据三者之间的关联内容进行确定。

（二）建设工程设计合同当事人

建设工程设计合同当事人包括发包人和设计人。发包人通常也是工程建设项目的业主（建设单位）或者项目管理部门（如工程总承包单位）。承包人则是设计人，设计人须为具有相应设计资质的企业法人。

（三）订立设计合同时应约定的内容

1. 设计依据

除专用合同条款另有约定外，工程的设计依据如下：（1）适用的法律、行政法规及部门规章；（2）与工程有关的规范、标准、规程；（3）工程基础资料及其他文件；（4）本设计服务合同及补充合同；（5）本工程勘察文件和施工需求；（6）合同履行中与设计服务有关的来往函件；（7）其他设计依据。

2. 发包人应向设计人提供的文件资料

按专用合同条款约定由发包人提供的文件，包括基础资料、勘察报告、设计任务书等，发包人应按约定的数量和期限交给设计人。

3. 发包人义务

（1）遵守法律。发包人在履行合同过程中应遵守法律，并保证设计人免于承担因发包人违反法律而引起的任何责任。

（2）发出开始设计通知。发包人应按约定向设计人发出开始设计通知。

（3）办理证件和批件。法律规定和（或）合同约定由发包人负责办理的工程建设项目必须履行的各类审批、核准或备案手续，发包人应当按时办理，设计人应给予必要的协助。法律规定和（或）合同约定由设计人负责办理的设计所需的证件和批件，发包人应给予必要的协助。

（4）支付合同价款。发包人应按合同约定向设计人及时支付合同价款。

（5）提供设计资料。发包人应按约定向设计人提供设计资料。

（6）其他义务。发包人应履行合同约定的其他义务。

4. 设计人的一般义务

（1）遵守法律。设计人在履行合同过程中应遵守法律，并保证发包人免于承担因设计人违反法律而引起的任何责任。

（2）依法纳税。设计人应按有关法律规定纳税，应缴纳的税金（含增值税）包括在合同价格之中。

（3）完成全部设计工作。设计人应按合同约定以及发包人要求，完成合同约定的全部工作，并对工作中的任何缺陷进行整改、完善和修补，使其满足合同约定的目的。设计人应按合同约定提供设计文件及相关服务等。

（4）其他义务。设计人应履行合同约定的其他义务。

三、建设工程设计合同履行管理

（一）发包人的管理

1. 发包人代表

除专用合同条款另有约定外，发包人应在合同签订后 14 天内，将发包人代表的姓名、职务、联系方式、授权范围和授权期限书面通知设计人，由发包人代表在其授权范围和授权期限内，代表发包人行使权利、履行义务和处理合同履行中的具体事宜。发包人代表在授权范围内的行为由发包人承担法律责任。

发包人代表可以授权发包人的其他人员负责执行其指派的一项或多项工作。发包人代表应将被授权人员的姓名及其授权范围通知设计人。被授权人员在授权范围内发出的指示视为已得到发包人代表的同意，与发包人代表发出的指示具有同等效力。

2. 监理人

发包人可以根据工程建设需要确定是否委托监理人进行设计监理。如果委托监理，则监理人享有合同约定的权力，其所发出的任何指示应视为已得到发包人的批准。监理人的监理范围、职责权限和总监理工程师信息，应在专用合同条款中指明。未经发包人批准，监理人无权修改合同。

3. 发包人的指示

发包人应按合同约定向设计人发出指示，发包人的指示应盖有发包人单位章，并由发包人代表签字确认。

4. 决定或答复

发包人在法律允许的范围内有权对设计人的设计工作和/或设计文件作出处理决定，设计人应按照发包人的决定执行，涉及设计服务期限或设计费用等问题按第 11 条的约定处理。发包人应在专用合同条款约定的时间之内，对设计人书面提出的事项作出书面答复；逾期没有做出答复的，视为已获得发包人的批准。

（二）项目负责人

设计人应按合同协议书的约定指派项目负责人，并在约定的期限内到职。设计人更换项目负责人应事先征得发包人同意，并应在更换 14 天前将拟更换的项目负责人的姓名和详细资料提交发包人。项目负责人 2 天内不能履行职责的，应事先征得发包人同意，并委派代表代行其职责。

项目负责人应按合同约定以及发包人要求，负责组织合同工作的实施。在情况紧急且无法与发包人取得联系时，可采取保证工程和人员生命财产安全的紧急措施，并在采取措施后 24 小时内向发包人提交书面报告。设计人为履行合同发出的一切函件均应盖有设计人单位章，并由设计人的项目负责人签字确认。

（三）设计要求

1. 一般要求

（1）发包人应当遵守法律和规范标准，不得以任何理由要求设计人违反法律和工程质量、安全标准进行设计服务，降低工程质量。

（2）设计人应按照法律规定，以及国家、行业和地方的规范和标准完成设计工作，并应符合发包人要求。各项规范、标准和发包人要求之间如对同一内容的描述不一致时，应以描述更为严格的内容为准。

（3）除专用合同条款另有约定外，设计人完成设计工作所应遵守的法律规定，以及国家、行业和地方的规范和标准，均应视为在基准日适用的版本。基准日之后，前述版本发生重大变化，或者有新的法律，以及国家、行业和地方的规范和标准实施的，设计人应向发包人提出遵守新规定的建议。发包人应在收到建议后 7 天内发出是否遵守新规定的指示。

2. 设计文件要求

（1）设计文件的编制应符合法律法规、规范标准的强制性规定和发包人要求，相关设计依据应完整、准确、可靠，设计方案论证充分，计算成果规范可靠，并能够实施。

（2）设计服务应当根据法律、规范标准和发包人要求，保证工程的合理使用寿命年限，并在设计文件中予以注明。

（3）设计文件的深度应满足本合同相应设计阶段的规定要求，满足发包人的下步工作需要，并应符合国家和行业现行规定。

（4）设计文件必须保证工程质量和施工安全等方面的要求，按照有关法律法规规定在设计文件中提出保障施工作业人员安全和预防生产安全事故的措施建议。

3. 开始设计

符合专用合同条款约定的开始设计条件的，发包人应提前 7 天向设计人发出开始设计通知。设计服务期限自开始设计通知中载明的开始设计日期起计算。除专用合同条款另有约定外，因发包人原因造成合同签订之日起 90 天内未能发出开始设计通知的，设计人有权提出价格调整要求，或者解除合同。发包人应当承担由此增加的费用和（或）周期延误。

4. 发包人审查设计文件

发包人接收设计文件之后，可以自行或者组织专家会进行审查，设计人应当给予配合。审查标准应当符合法律、规范标准、合同约定和发包人要求等；审查的具体范围、明细内容和费用分担，在专用合同条款中约定。除专用合同条款另有约定外，发包人对于设计文件的审查期限，自文件接收之日起不应超过 14 天。发包人逾期未做出审查结论且未提出异议的，视为设计人的设计文件已经通过发包人审查。

发包人审查后不同意设计文件的，应以书面形式通知设计人，说明审查不通过的理由及其具体内容。设计人应根据发包人的审查意见修改完善设计文件，并重新报送发包人审查，审查期限重新起算。

（四）合同价格与支付

1. 合同价格

本合同的价款确定方式、调整方式和风险范围划分，在专用合同条款中约定。

设计费用实行发包人签证制度，即设计人完成设计项目后通知发包人进行验收，通过验收后由发包人代表对实施的设计项目、数量、质量和实施时间签字确认，以此作为计算设计费用的依据之一。

除专用合同条款另有约定外，合同价格应当包括收集资料，踏勘现场，进行设计、评估、审查等，编制设计文件，施工配合等全部费用和国家规定的增值税税金。

发包人要求设计人进行外出考察、试验检测、专项咨询或专家评审时，相应费用不含在合同价格之中，由发包人另行支付。

2. 定金或预付款

定金或预付款应专用于本工程的设计。定金或预付款的额度、支付方式及抵扣方式在专用合同条款中约定。发包人应在收到定金或预付款支付申请后 28 天内，将定金或预付款支付给设计人；设计人应当提供等额的增值税发票。

设计服务完成之前，由于不可抗力或其他非设计人的原因解除合同时，定金不予退还。

3. 中期支付

设计人应按发包人批准或专用合同条款约定的格式及份数，向发包人提交中期支付申请，并附相应的支持性证明文件。发包人应在收到中期支付申请后的 28 天内，将应付款项支付给设计人；设计人应当提供等额的增值税发票。发包人未能在前述时间内完成审批或不予答复的，视为发包人同意中期支付申请。

中期支付涉及政府投资资金的，按照国库集中支付等国家相关规定和专用合同条款的约定执行。

4. 费用结算

合同工作完成后，设计人可按专用合同条款约定的份数和期限，向发包人提交设计费用结算申请，并提供相关证明材料。发包人应在收到费用结算申请后的 28 天内，将应付款项支付给设计人；设计人应当提供等额的增值税发票。发包人未能在前述时间内完成审批或不予答复的，视为发包人同意费用结算申请。发包人不按期支付的，按专用合同条款的约定支付逾期付款违约金。

（五）违约责任

1. 设计人违约

合同履行中发生下列情况之一的，属设计人违约：

（1）设计文件不符合法律以及合同约定；

（2）设计人转包、违法分包或者未经发包人同意擅自分包；

（3）设计人未按合同计划完成设计，从而造成工程损失；

（4）设计人无法履行或停止履行合同；

（5）设计人不履行合同约定的其他义务。

设计人发生违约情况时，发包人可向设计人发出整改通知，要求其在限定期限内纠正；逾期仍不纠正的，发包人有权解除合同并向设计人发出解除合同通知。设计人应当承担由于违约所造成的费用增加、周期延误和发包人损失等。

2. 发包人违约

合同履行中发生下列情况之一的，属发包人违约：

（1）发包人未按合同约定支付设计费用；

（2）发包人原因造成设计停止；

（3）发包人无法履行或停止履行合同；

（4）发包人不履行合同约定的其他义务。

发包人发生违约情况时，设计人可向发包人发出暂停设计通知，要求其在限定期限内纠正；逾期仍不纠正的，设计人有权解除合同并向发包人发出解除合同通知。发包人应当承担由于违约所造成的费用增加、周期延误和设计人损失等。

3. 第三人造成的违约

在履行合同过程中，一方当事人因第三人的原因造成违约的，应当向对方当事人承担违约责任。一方当事人和第三人之间的纠纷，依照法律规定或者按照约定解决。

思　考　题

1. 九部委勘察合同文本由哪些内容构成？
2. 勘察合同发包人有哪些违约责任？
3. 设计文件的要求有哪些？
4. 设计合同设计人有哪些违约责任？

第六章 建设工程施工合同管理

第一节 施工合同标准文本

一、施工合同标准文本概述

国家发展和改革委员会、财政部、建设部、铁道部、交通部、信息产业部、水利部、民用航空总局、广播电影电视总局九部委联合颁发的适用于一定规模以上，且设计和施工不是由同一承包商承担的工程施工招标的《标准施工招标文件》（2007年版）中包括合同条款与格式。（以下简称"标准施工合同"）。九部委在2012年颁发了适用于工期不超过12个月、技术相对简单、且设计和施工不是由同一承包人承担的小型项目施工招标的《简明标准施工招标文件》（2012版），其中包括《合同条款及格式》（以下简称"简明施工合同"）。

按照九部委联合颁布的《标准施工招标资格预审文件和标准施工招标文件暂行规定》要求，各行业编制的标准施工合同应不加修改地引用《标准施工招标文件》中的"通用合同条款"，即标准施工合同和简明施工合同的通用条款广泛适用于各类建设工程。各行业编制的标准施工招标文件中的"专用合同条款"可结合施工项目的具体特点，对标准的"通用合同条款"进行补充、细化。除"通用合同条款"明确"专用合同条款"可做出不同约定外，补充和细化的内容不得与"通用合同条款"的规定相抵触，否则抵触内容无效。

二、标准施工合同的组成

标准施工合同提供了通用条款、专用条款和签订合同时采用的合同附件格式。

（一）通用条款

标准施工合同的通用条款包括24条，标题分别为：一般约定；发包人义务；监理人；承包人；材料和工程设备；施工设备和临时设施；交通运输；测量放线；施工安全、治安保卫和环境保护；进度计划；开工和竣工；暂停施工；工程质量；试验和检验；变更；价格调整；计量与支付；竣工验收；缺陷责任与保修责任；保险；不可抗力；违约；索赔；争议的解决。共计131款。

（二）专用条款

由于通用条款的内容涵盖各类工程项目施工共性的合同责任和履行管理程序，各行业可以结合工程项目施工的行业特点编制标准施工合同文本在专用条款内体现，具体招标工程在编制合同时，应针对项目的特点、招标人的要求，在专用条款内针对通用条款涉及的内容进行补充、细化。

工程实践应用时，通用条款中适用于招标项目的条或款不必在专用条款内重复，需要补充细化的内容应与通用条款的条或款的序号一致，使得通用条款与专用条款中相同序号的条款内容共同构成对履行合同某一方面的完备约定。

为了便于行业主管部门或招标人编制招标文件和拟定合同，标准施工合同文本根据通用条款的规定，在专用条款中针对 22 条 50 款做出了应用的参考说明。

（三）合同附件格式

标准施工合同中给出的合同附件格式，是订立合同时采用的规范化文件，包括合同协议书、履约担保和预付款担保三个文件。

1. 合同协议书

合同协议书是合同组成文件中唯一需要发包人和承包人同时签字盖章的法律文书，因此标准施工合同中规定了应用格式。除了明确规定对当事人双方有约束力的合同组成文件外，具体招标工程项目订立合同时需要明确填写的内容仅包括发包人和承包人的名称；施工的工程或标段；签约合同价；合同工期；质量标准和项目经理的人选。

2. 履约担保

标准施工合同要求履约担保采用保函的形式，给出的履约保函标准格式主要表现为以下两个方面的特点：

（1）担保期限。担保期限自发包人和承包人签订合同之日起，至签发工程移交证书日止。没有采用国际招标工程或使用世界银行贷款建设工程的担保期限至缺陷责任期满止的规定，即担保人对承包人保修期内履行合同义务的行为不承担担保责任。

（2）担保方式。采用无条件担保方式，即持有履约保函的发包人认为承包人有严重违约情况时，即可凭保函向担保人要求予以赔偿，不需承包人确认。无条件担保有利于当出现承包人严重违约情况，由于解决合同争议而影响后续工程的施工。标准履约担保格式中，担保人承诺"在本担保有效期内，因承包人违反合同约定的义务给你方造成经济损失时，我方在收到你方以书面形式提出的在担保金额内的赔偿要求后，在 7 天内无条件支付"。

3. 预付款担保

标准施工合同规定的预付款担保采用银行保函形式，主要特点为：

（1）担保方式。担保方式也是采用无条件担保形式。

（2）担保期限。担保期限自预付款支付给承包人起生效，至发包人签发的进度付款支付证书说明已完全扣清预付款止。

（3）担保金额。担保金额尽管在预付款担保书内填写的数额与合同约定的预付款数额一致，但与履约担保不同，当发包人在工程进度款支付中已扣除部分预付款后，担保金额相应递减。保函格式中明确说明："本保函的担保金额，在任何时候不应超过预付款金额减去发包人按合同约定在向承包人签发的进度付款证书中扣除的金额"。即保持担保金额与剩余预付款的金额相等原则。

三、简明施工合同

由于简明施工合同适用于工期在 12 个月内的中小工程施工，是对标准施工合同简化的文本，通常由发包人负责材料和设备的供应，承包人仅承担施工义务，因此合同条款较少。

简明施工合同通用条款包括 17 条，标题分别为：一般约定；发包人义务；监理人；承包人；施工控制网；工期；工程质量；试验和检验；变更；计量与支付；竣工验收；缺陷责任与保修责任；保险；不可抗力；违约；索赔；争议的解决，共 69 款。各条中与标准施工合同对应条款规定的管理程序和合同责任相同。

第二节　施工合同有关各方管理职责

一、合同当事人

施工合同当事人是发包人和承包人，双方按照所签订合同约定的义务，履行相应的责任。

二、监理人

九部委标准招标文件和《建设工程监理规范》GB/T 50319—2013 中对监理人的定义是："受委托人的委托，依照法律、规范标准和监理合同等，对建设工程勘察、设计或施工等阶段进行质量控制、进度控制、投资控制、合同管理、信息管理、组织协调和安全监理的法人或其他组织。"既属于发包人一方的人员，但又不同于发包人的雇员，即不是一切行为均遵照发包人的指示，而是在授权范围内独立工作，以保障工程按期、按质、按量完成发包人的最大利益为管理目标，依据合同条款的约定，公平合理地处理合同履行过程中的有关管理事项。

按照标准施工合同通用条款对监理人的相关规定，监理人的合同管理地位和职责主要表现在以下几个方面：

（一）受发包人委托对施工合同的履行进行管理

（1）在发包人授权范围内，负责发出指示、检查施工质量、控制进度等现场管理工作。

（2）在发包人授权范围内独立处理合同履行过程中的有关事项，行使通用条款规定的，以及具体施工合同专用条款中说明的权力。

（3）承包人收到监理人发出的任何指示，视为已得到发包人的批准，应遵照执行。

（4）在合同规定的权限范围内，独立处理或决定有关事项，如单价的合理调整、变更估价、索赔等。

（二）居于施工合同履行管理的核心地位

（1）监理人应按照合同条款的约定，公平合理地处理合同履行过程中涉及的有关事项。

（2）除合同另有约定外，承包人只从总监理工程师或被授权的监理人员处取得指示。为了使工程施工顺利开展，避免指令冲突及尽量减少合同争议，发包人对施工工程的任何想法通过监理人的协调指令来实现；承包人的各种问题也首先提交监理人，尽量减少发包人和承包人分别站在各自立场解释合同导致争议。

（3）"商定或确定"条款规定，总监理工程师在协调处理合同履行过程中的有关事项时，应首先与合同当事人协商，尽量达成一致。不能达成一致时，总监理工程师应认真研究审慎"确定"后通知当事人双方并附详细依据。由于监理人不是合同当事人，因此对有关问题的处理不用决定，而用确定一词，即表示总监理工程师提出的方案或发出的指示并非最终不可改变，任何一方有不同意见均可按照争议的条款解决，同时体现了监理人独立工作的性质。

（三）监理人的指示

监理人给承包人发出的指示，承包人应遵照执行。如果监理人的指示错误或失误给承包人造成损失，则由发包人负责赔偿。通用条款明确规定：

（1）监理人未能按合同约定发出指示、指示延误或指示错误而导致承包人施工成本增加和（或）工期延误，由发包人承担赔偿责任。

（2）监理人无权免除或变更合同约定的发包人和承包人权利、义务和责任。由于监理人不是合同当事人，因此合同约定应由承包人承担的义务和责任，不因监理人对承包人提交文件的审查或批准，对工程、材料和设备的检查和检验，以及为实施监理做出的指示等职务行为而减轻或解除。

第三节　施工合同订立

施工合同的通用条款和专用条款尽管在招标投标阶段已作为招标文件的组成部分，但在合同订立过程中有些问题还需要明确或细化，以保证合同的权利和义务界定清晰。

一、标准施工合同文件

（一）合同文件的组成

"合同"是指构成对发包人和承包人履行约定义务过程中，有约束力的全部文件体系的总称。标准施工合同的通用条款中规定，合同的组成文件包括：

（1）合同协议书；

（2）中标通知书；

（3）投标函及投标函附录；

（4）专用合同条款；

（5）通用合同条款；

（6）技术标准和要求；

（7）图纸；

（8）已标价的工程量清单；

（9）其他合同文件——经合同当事人双方确认构成合同的其他文件。

（二）合同文件的优先解释次序

组成合同的各文件中出现含义或内容的矛盾时，如果专用条款没有另行的约定，以上合同文件序号为优先解释的顺序。

标准施工合同条款中未明确由谁来解释文件之间的歧义，但可以结合监理工程师职责中的规定，总监理工程师应与发包人和承包人进行协商，尽量达成一致。不能达成一致时，总监理工程师应认真研究后审慎确定。

（三）几个文件的含义

1. 中标通知书

中标通知书是招标人接受中标人的书面承诺文件，具体写明承包的施工标段、中标价、工期、工程质量标准和中标人的项目经理名称。中标价应是在评标过程中对报价的计算或书写错误进行修正后，作为该投标人评标的基准价格。项目经理的名称是中标人的投标文件中说明并已在评标时作为量化评审要素的人选，要求履行合同时必须到位。

2. 投标函及投标函附录

标准施工合同文件组成中的投标函，不同于《建设工程施工合同（示范文本）》规定的投标书及其附件，仅是投标人置于投标文件首页的保证中标后与发包人签订合同、按照要求提供履约担保、按期完成施工任务的承诺文件。

投标函附录是投标函内承诺部分主要内容的细化，包括项目经理的人选、工期、缺陷责任期、分包的工程部位、公式法调价的基数和系数等的具体说明。因此承包人的承诺文件作为合同组成部分，并非指整个投标文件。也就是说投标文件中的部分内容在订立合同后允许进行修改或调整，如施工前应编制更为详尽的施工组织设计、进度计划等。

3. 其他合同文件

其他合同文件包括的范围较宽，主要针对具体施工项目的行业特点、工程的实际情况、合同管理需要而明确的文件。签订合同协议书时，需要在专用条款中对其他合同文件的具体组成予以明确。

二、订立合同时需要明确的内容

针对具体施工项目或标段的合同需要明确约定的内容较多，有些招标时已在招标文件的专用条款中做出了规定，另有一些还需要在签订合同时具体细化相应内容。

（一）施工现场范围和施工临时占地

发包人应明确说明施工现场永久工程的占地范围并提供征地图纸，以及属于发包人施工前期配合义务的有关事项，如从现场外部接至现场的施工用水、用电、用气的位置等，以便承包人进行合理的施工组织。

项目施工如果需要临时用地（招标文件中已说明或承包人投标书内提出要求），也需明确占地范围和临时用地移交承包人的时间。

（二）发包人提供图纸的期限和数量

标准施工合同适用于发包人提供设计图纸，承包人负责施工的建设项目。由于初步设计完成后即可进行招标，因此订立合同时必须明确约定发包人陆续提供施工图纸的期限和数量。

如果承包人有专利技术且有相应的设计资质，可能约定由承包人完成部分施工图设计。此时也应明确承包人的设计范围，提交设计文件的期限、数量，以及监理人签发图纸修改的期限等。

（三）发包人提供的材料和工程设备

对于包工部分包料的施工承包方式，往往设备和主要建筑材料由发包人负责提供，需明确约定发包人提供的材料和设备分批交货的种类、规格、数量、交货期限和地点等，以便明确合同责任。

（四）异常恶劣的气候条件范围

施工过程中遇到不利于施工的气候条件直接影响施工效率，甚至被迫停工。气候条件对施工的影响是合同管理中一个比较复杂的问题，"异常恶劣的气候条件"属于发包人的责任，"不利气候条件"对施工的影响则属于承包人应承担的风险，因此应当根据项目所在地的气候特点，在专用条款中明确界定不利于施工的气候和异常恶劣的气候条件之间的界限。如多少毫米以上的降水；多少级以上的大风；多少温度以上的超高温或超低温天气等，以明确合同双方对气候变化影响施工的风险责任。

（五）物价浮动的合同价格调整

1. 基准日期

通用条款规定的基准日期指投标截止时间前 28 天的日期。规定基准日期的作用是划分该日后由于政策法规的变化或市场物价浮动对合同价格影响的责任。承包人投标阶段在基准日后不再进行此方面的调研，进入编制投标文件阶段，因此通用条款在两个方面做出了规定：

（1）承包人以基准日期前的市场价格编制工程报价，长期合同中调价公式中的可调因素价格指数来源于基准日的价格；

（2）基准日期后，因法律法规、规范标准等的变化，导致承包人在合同履行中所需要的工程成本发生约定以外的增减时，相应调整合同价款。

2. 调价条款

合同履行期间市场价格浮动对施工成本造成的影响是否允许调整合同价格，要视合同工期的长短来决定。

（1）简明施工合同的规定

适用于工期在 12 个月以内的简明施工合同的通用条款没有调价条款，承包人在投标报价中合理考虑市场价格变化对施工成本的影响，合同履行期间不考虑市场价格变化调整合同价款。

（2）标准施工合同的规定

工期 12 个月以上的施工合同，由于承包人在投标阶段不可能合理预测一年以后的市场价格变化，因此应设有调价条款，由发包人和承包人共同分担市场价格变化的风险。标准施工合同通用条款规定用公式法调价，但调整价格的方法仅适用于工程量清单中按单价支付部分的工程款，总价支付部分不考虑物价浮动对合同价格的调整。

3. 公式法调价

（1）调价公式

施工过程中每次支付工程进度款时，用该公式综合计算本期内因市场价格浮动应增加或减少的价格调整值。

$$\Delta P = P_0[A + (B_1 \times F_{t1}/F_{01} + B_2 \times F_{t2}/F_{02} + B_3 \times F_{t3}/F_{03} + \cdots + B_n \times F_{tn}/F_{0n}) - 1]$$

式中 ΔP——需调整的价格差额；

P_0——付款证书中承包人应得到的已完成工程量的金额。此项金额应不包括价格调整、不计质量保证金的扣留和支付、预付款的支付和扣回。变更及其他金额已按现行价格计价的，也不计在内；

A——定值权重（即不调部分的权重）；

B_1、B_2、B_3、$\cdots$、B_n——各可调因子的变值权重（即可调部分的权重）为各可调因子在投标函投标总报价中所占的比例；

F_{t1}、F_{t2}、F_{t3}、$\cdots$、F_{tn}——各可调因子的现行价格指数，指约定的付款证书相关周期最后一天的前 42 天的各可调因子的价格指数；

F_{01}、F_{02}、F_{03}、$\cdots$、F_{0n}——各可调因子的基本价格指数，指基准日期的各可调因子的价格指数。

（2）调价公式的基数

价格调整公式中的各可调因子、定值和变值权重，以及基本价格指数及其来源在投标函附录价格指数和权重表中约定，以基准日的价格为准，因此应在合同调价条款中予以明确。

价格指数应首先采用工程项目所在地有关行政管理部门提供的价格指数，缺乏上述价格指数时，也可采用有关部门提供的价格代替。用公式法计算价格的调整，既可以用支付工程进度款时的市场平均价格指数或价格计算调整值，而不必考虑承包人具体购买材料的价格贵贱，又可以避免采用票据法调整价格时，每次中期支付工程进度款前去核实承包人购买材料的发票或单证后，再计算调整价格的繁琐程序。通用条款给出的基准价格指数约定如表 6-1 所示。

价格指数（或价格）与权重　　　　　　　　　　表 6-1

名称		基本价格指数（或基本价格）		权重			价格指数来源（或价格来源）
		代号	指数值	代号	允许范围	投标单位建议值	
定值部分				A	—		
变值部分	人工费	F_{01}		B_1	—至—		
	水泥	F_{02}		B_2	—至—		
	钢筋	F_{03}		B_3	—至—		
	…	…		…			
合计						1.0	

三、明确保险责任

（一）工程保险和第三者责任保险

1. 办理保险的责任

（1）承包人办理保险

标准施工合同和简明施工合同的通用条款中考虑到承包人是工程施工的最直接责任人，因此均规定由承包人负责投保"建筑工程一切险""安装工程一切险"和"第三者责任保险"，并承担办理保险的费用。具体的投保内容、保险金额、保险费率、保险期限等有关内容在专用条款中约定。

承包人应在专用合同条款约定的期限内向发包人提交各项保险生效的证据和保险单副本，保险单必须与专用合同条款约定的条件一致。承包人需要变动保险合同条款时，应事先征得发包人同意，并通知监理人。保险人做出保险责任变动的，承包人应在收到保险人通知后立即通知发包人和监理人。承包人应与保险人保持联系，使保险人能够随时了解工程实施中的变动，并确保按保险合同条款要求持续保险。

（2）发包人办理保险

如果一个建设工程项目的施工采用平行发包的方式分别交由多个承包人施工，由几家承包人分别投保的话，有可能产生重复投保或漏保，此时由发包人投保为宜。双方可在专用条款中约定，由发包人办理工程保险和第三者责任保险。

无论是由承包人还是发包人办理工程险和第三者责任保险，均必须以发包人和承包人的共同名义投保，以保障双方均有出现保险范围内的损失时，可从保险公司获得赔偿。

2. 保险金不足的补偿

如果投保工程一切险的保险金额少于工程实际价值，工程受到保险事件的损害时，不能从保险公司获得实际损失的全额赔偿，则损失赔偿的不足部分按合同相应条款的约定，由该事件的风险责任方负责补偿。某些大型工程项目经常因工程投资额巨大，为了减少保险费的支出，采用不足额投保方式，即以建安工程费的 60%～70%作为投保的保险金额，因此受到保险范围内的损害后，保险公司按实际损失的相应百分比予以赔偿。

标准施工合同要求在专用条款具体约定保险金不足以赔偿损失时，承包人和发包人应承担的责任。如永久工程损失的差额由发包人补偿，临时工程、施工设备等损失由承包人负责。

3. 未按约定投保的补偿

（1）如果负有投保义务的一方当事人未按合同约定办理保险，或未能使保险持续有效，另一方当事人可代为办理，所需费用由对方当事人承担。

（2）当负有投保义务的一方当事人未按合同约定办理某项保险，导致受益人未能得到保险人的赔偿，原应从该项保险得到的保险赔偿应由负有投保义务的一方当事人支付。

（二）人员工伤事故保险和人身意外伤害保险

发包人和承包人应按照相关法律规定为履行合同的本方人员缴纳工伤保险费，并分别为自己现场项目管理机构的所有人员投保人身意外伤害保险。

（三）其他保险

1. 承包人的施工设备保险

承包人应以自己的名义投保施工设备保险，作为工程一切险的附加保险，因为此项保险内容发包人没有投保。

2. 进场材料和工程设备保险

由当事人双方具体约定，在专用条款内写明。通常情况下，应是谁采购的材料和工程设备，由谁办理相应的保险。

四、发包人义务

为了保障承包人按约定的时间顺利开工，发包人应按合同约定的责任完成满足开工的准备工作。

（一）提供施工场地

1. 施工现场

发包人应及时完成施工场地的征用、移民、拆迁工作，并在开工后急需解决其遗留问题，同时按专用合同条款约定的时间和范围向承包人提供施工场地。施工场地包括永久工程用地和施工的临时占地，施工场地的移交可以一次完成，也可以分次移交，以不影响单位工程的开工为原则。

2. 地下管线和地下设施的相关资料

发包人应按专用条款约定及时向承包人提供施工场地范围内地下管线和地下设施等有关资料。地下管线包括供水、排水、供电、供气、供热、通信、广播电视等的埋设位置，以及地下水文、地质等资料。发包人应保证资料的真实、准确、完整，但不对承包人据此判断、推论错误导致编制施工方案的后果承担责任。

3. 现场外的道路通行权

发包人应根据合同工程的施工需要，负责办理取得出入施工场地的专用和临时道路的通行权，以及取得为工程建设所需修建场外设施的权利，并承担有关费用，开通施工场地

与城乡公共道路的通道，以及专用条款约定的施工场地内的主要交通干道。

（二）组织设计交底

发包人应根据合同进度计划，组织设计单位向承包人和监理人对提供的施工图纸和设计文件进行交底，以便承包人制定施工方案和编制施工组织设计。

（三）约定开工时间

考虑到不同行业和项目的差异，标准施工合同的通用条款中没有将开工时间作为合同条款，具体工程项目可根据实际情况在合同协议书或专用条款中约定。

五、承包人义务

（一）现场查勘

承包人在投标阶段仅依据招标文件中提供的资料和较概略的图纸编制了供评标的施工组织设计或施工方案。签订合同协议书后，承包人应对施工场地和周围环境进行查勘，核对发包人提供的有关资料，并进一步收集相关的地质、水文、气象条件、交通条件、风俗习惯以及其他为完成合同工作有关的当地资料，以便编制施工组织设计和专项施工方案。在全部合同施工过程中，应视为承包人已充分估计了应承担的责任和风险，不得再以不了解现场情况为理由而推脱合同责任。

对现场查勘中发现的实际情况与发包人所提供资料有重大差异之处，应及时通知监理人，由其做出相应的指示或说明，以便明确合同责任。

（二）编制施工实施计划

1. 施工组织设计

承包人应按合同约定的工作内容和施工进度要求，编制施工组织设计和施工进度计划，并对所有施工作业和施工方法的完备性、安全性、可靠性负责。按照《建设工程安全生产管理条例》规定，在施工组织设计中应针对深基坑工程、地下暗挖工程、高大模板工程、高空作业工程、深水作业工程、大爆破工程的施工编制专项施工方案。对于前3项危险性较大的分部分项工程的专项施工，还需经5人以上专家论证方案的安全性和可靠性。

施工组织设计完成后，按专用条款的约定，将施工进度计划和施工方案说明报送监理人审批。

2. 质量管理体系

在施工场地设置专门的质量检查机构，配备专职质量检查人员，建立完善的质量检查制度。在合同约定的期限内，提交工程质量保证措施文件，包括质量检查机构的组织和岗位责任、质检人员的组成、质量检查程序和实施细则等，报送监理人审批。

3. 环境保护措施计划

承包人在施工过程中，应遵守有关环境保护的法律和法规，履行合同约定的环境保护义务，按合同约定的环保工作内容，编制施工环保措施计划，报送监理人审批。

（三）施工现场内的交通道路和临时工程

承包人应负责修建、维修、养护和管理施工所需的临时道路，以及为开始施工所需的临时工程和必要的设施，满足开工的要求。

（四）施工控制网

承包人依据监理人提供的测量基准点、基准线和水准点及其书面资料，根据国家测绘基准、测绘系统和工程测量技术规范以及合同中对工程精度的要求，测设施工控制网，并将施工控制网点的资料报送监理人审批。

承包人在施工过程中负责管理施工控制网点，对丢失或损坏的施工控制网点应及时修复，并在工程竣工后将施工控制网点移交发包人。

（五）提出开工申请

承包人的施工前期准备工作满足开工条件后，向监理人提交工程开工报审表。开工报审表应详细说明按合同进度计划正常施工所需的施工道路、临时设施、材料设备、施工人员等施工组织措施的落实情况以及工程的进度安排。

六、监理人职责

（一）审查承包人的实施方案

1. 审查的内容

监理人对承包人报送的施工组织设计、质量管理体系、环境保护措施进行认真的审查，批准或要求承包人对不满足合同要求的部分进行修改。

2. 审查进度计划

监理人对承包人的施工组织设计中的进度计划审查，不仅要看施工阶段的时间安排是否满足合同要求，更应评审拟采用的施工组织、技术措施能否保证计划的实现。监理人审查后，应在专用条款约定的期限内，批复或提出修改意见，否则该进度计划视为已得到批准。经监理人批准的施工进度计划称为"合同进度计划"。

监理人为了便于工程进度管理，可以要求承包人在合同进度计划的基础上编制并提交分阶段和分项的进度计划，特别是合同进度计划关键线路上的单位工程或分部工程的详细施工计划。

3. 合同进度计划

合同进度计划是控制合同工程进度的依据，对承包人、发包人和监理人均有约束力，不仅要求承包人按计划施工，还要求发包人的材料供应、图纸发放等不应造成施工延误，以及监理人应按照计划进行协调管理。合同进度计划的另一重要作用是，施工进度受到非承包人责任原因的干扰后，判定是否应给承包人顺延合同工期的主要依据。

（二）开工通知

1. 发出开工通知的条件

当发包人的开工前期工作已完成且临近约定的开工日期时，应委托监理人按专用条款约定的时间向承包人发出开工通知。如果约定的开工已届至但发包人应完成的开工配合义务尚未完成（如现场移交延误），由于监理人不能按时发出开工通知，则要顺延合同工期并赔偿承包人的相应损失。

如果发包人开工前的配合工作已完成且约定的开工日期已届至，但承包人的开工准备还不满足开工条件，监理人仍应按时发出开工的指示，合同工期不予顺延。

2. 发出开工通知的时间

监理人征得发包人同意后，应在开工日期7天前向承包人发出开工通知，合同工期自开工通知中载明的开工日起计算。

根据《最高人民法院关于审理建设工程施工合同纠纷案件适用法律问题的解释（二）》（法释〔2018〕20号）规定，当事人对建设工程开工日期有争议的，人民法院应当分别按照以下情形予以认定：

（1）开工日期为发包人或者监理人发出的开工通知载明的开工日期；开工通知发出后，尚不具备开工条件的，以开工条件具备的时间为开工日期；因承包人原因导致开工时间推迟的，以开工通知载明的时间为开工日期。

（2）承包人经发包人同意已经实际进场施工的，以实际进场施工时间为开工日期。

（3）发包人或者监理人未发出开工通知，亦无相关证据证明实际开工日期的，应当综合考虑开工报告、合同、施工许可证、竣工验收报告或者竣工验收备案表等载明的时间，并结合是否具备开工条件的事实，认定开工日期。

第四节　施工合同履行管理

一、合同履行涉及的几个时间期限

（一）合同工期

"合同工期"指承包人在投标函内承诺完成合同工程的时间期限，以及按照合同条款通过变更和索赔程序应给予顺延工期的时间之和。合同工期的作用是用于判定承包人是否按期竣工的标准。

（二）施工期

承包人施工期从监理人发出的开工通知中写明的开工日起算，至工程接收证书中写明的实际竣工日止。以此期限与合同工期比较，判定是提前竣工还是延误竣工。延误竣工承包人承担拖期赔偿责任，提前竣工是否应获得奖励需视专用条款中是否有约定。

（三）缺陷责任期

缺陷责任期从工程接收证书中写明的竣工日开始起算，期限视具体工程的性质和使用条件的不同在专用条款内约定（一般为1年）。对于合同内约定有分部移交的单位工程，按提前验收的该单位工程接收证书中确定的竣工日为准，起算时间相应提前。

由于承包人拥有施工技术、设备和施工经验，缺陷责任期内工程运行期间出现的工程缺陷，承包人应负责修复，直到检验合格为止。修复费用以缺陷原因的责任划分，经查验属于发包人原因造成的缺陷，承包人修复后可获得查验、修复的费用及合理利润。如果承包人不能在合理时间内修复缺陷，发包人可以自行修复或委托其他人修复，修复费用由缺陷原因的责任方承担。

承包人责任原因产生的较大缺陷或损坏，致使工程不能按原定目标使用，经修复后需要再行检验或试验时，发包人有权要求延长该部分工程或设备的缺陷责任期。影响工程正常运行的有缺陷工程或部位，在修复检验合格日前已经过的时间归于无效，重新计算缺陷责任期，但包括延长时间在内的缺陷责任期最长时间不得超过2年。

（四）保修期

保修期自实际竣工日起算，发包人和承包人按照有关法律、法规的规定，在专用条款内约定工程质量保修范围、期限和责任。对于提前验收的单位工程起算时间相应提前。承包人对保修期内出现的不属于其责任原因的工程缺陷，不承担修复义务。

二、施工进度管理

（一）合同进度计划的动态管理

为了保证实际施工过程中承包人能够按计划施工，监理人通过协调保障承包人的施工不受到外部或其他承包人的干扰，对已确定的施工计划要进行动态管理。标准施工合同的通用条款规定，不论何种原因造成工程的实际进度与合同进度计划不符，包括实际进度超前或滞后于计划进度，均应修订合同进度计划，以使进度计划具有实际的管理和控制作用。

承包人可以主动向监理人提交修订合同进度计划的申请报告，并附有关措施和相关资料，报监理人审批；监理人也可以向承包人发出修订合同进度计划的指示，承包人应按该指示修订合同进度计划后报监理人审批。

监理人应在专用合同条款约定的期限内予以批复。如果修订的合同进度计划对竣工时间有较大影响或需要补偿额超过监理人独立确定的范围时，在批复前应取得发包人同意。

（二）可以顺延合同工期的情况

1. 发包人原因延长合同工期

通用条款中明确规定，由于发包人原因导致的延误，承包人有权获得工期顺延和（或）费用加利润补偿的情况包括：

（1）增加合同工作内容；

（2）改变合同中任何一项工作的质量要求或其他特性；

（3）发包人迟延提供材料、工程设备或变更交货地点；

（4）因发包人原因导致的暂停施工；

（5）提供图纸延误；

（6）未按合同约定及时支付预付款、进度款；

（7）发包人造成工期延误的其他原因。

2. 异常恶劣的气候条件

按照通用条款的规定，出现专用合同条款约定的异常恶劣气候条件导致工期延误，承包人有权要求发包人延长工期。监理人处理气候条件对施工进度造成不利影响的事件时，应注意两条基本原则：

（1）正确区分气候条件对施工进度影响的责任

判明因气候条件对施工进度产生影响的持续期间内，属于异常恶劣气候条件有多少天。如土方填筑工程的施工中，因连续降雨导致停工15天，其中6天的降雨强度超过专用条款约定的标准构成延长合同工期的条件，而其余9天的停工或施工效率降低的损失，属于承包人应承担的不利气候条件风险。

（2）异常恶劣气候条件的停工是否影响总工期

异常恶劣气候条件导致的停工是进度计划中的关键工作，则承包人有权获得合同工期的顺延。如果被迫暂停施工的工作不在关键线路上且总时差多于停工天数，仍然不必顺延合同工期，但对施工成本的增加可以获得补偿。

（三）承包人原因的延误

未能按合同进度计划完成工作时，承包人应采取措施加快进度，并承担加快进度所增加的费用。由于承包人原因造成工期延误，承包人应支付逾期竣工违约金。

订立合同时，应在专用条款内约定逾期竣工违约金的计算方法和逾期违约金的最高限额。专用条款说明中建议，违约金计算方法约定的日拖期赔偿额，可采用每天为多少钱或每天为签约合同价的千分之几；最高赔偿限额为签约合同价的3%。

（四）暂停施工

1. 暂停施工的责任

施工过程中发生被迫暂停施工的原因，可能源于发包人的责任，也可能属于承包人的责任。通用条款规定，承包人责任引起的暂停施工，增加的费用和工期由承包人承担；发包人暂停施工的责任，承包人有权要求发包人延长工期和（或）增加费用，并支付合理利润。

（1）承包人责任的暂停施工

1）承包人违约引起的暂停施工；

2）由于承包人原因为工程合理施工和安全保障所必需的暂停施工；

3）承包人擅自暂停施工；

4）承包人其他原因引起的暂停施工；

5）专用合同条款约定由承包人承担的其他暂停施工。

（2）发包人责任的暂停施工

发包人承担合同履行的风险较大，造成暂停施工的原因可能来自于未能履行合同的行为责任，也可能源于自身无法控制但应承担风险的责任。大体可以分为以下几类原因致使施工暂停：

1）发包人未履行合同规定的义务。此类原因较为复杂，包括自身未能尽到管理责任，如发包人采购的材料未能按时到货致使停工待料等；也可能源于第三者责任原因，如施工过程中出现设计缺陷导致停工等待变更的图纸等。

2）不可抗力。不可抗力的停工损失属于发包人应承担的风险，如施工期间发生地震、泥石流等自然灾害导致暂停施工。

3）协调管理原因。同时在现场的两个承包人发生施工干扰，监理人从整体协调考虑，指示某一承包人暂停施工。

4）行政管理部门的指令。某些特殊情况下可能执行政府行政管理部门的指示，暂停一段时间的施工。如奥运会和世博会期间，为了环境保护的需要，某些在建工程按照政府文件要求暂停施工。

2. 暂停施工程序

（1）停工

监理人根据施工现场的实际情况，认为必要时可向承包人发出暂停施工的指示，承包人应按监理人指示暂停施工。

不论由于何种原因引起的暂停施工，监理人应与发包人和承包人协商，采取有效措施积极消除暂停施工的影响。暂停施工期间由承包人负责妥善保护工程并提供安全保障。

（2）复工

当工程具备复工条件时，监理人应立即向承包人发出复工通知，承包人收到复工通知后，应在指示的期限内复工。承包人无故拖延和拒绝复工，由此增加的费用和工期延误由承包人承担。

因发包人原因无法按时复工时，承包人有权要求延长工期和（或）增加费用，以及合理利润。

3. 紧急情况下的暂停施工

由于发包人的原因发生暂停施工的紧急情况，且监理人未及时下达暂停施工指示，承

第六章

包人可先暂停施工并及时向监理人提出暂停施工的书面请求。监理人应在接到书面请求后的 24 小时内予以答复，逾期未答复视为同意承包人的暂停施工请求。

（五）发包人要求提前竣工

如果发包人根据实际情况向承包人提出提前竣工要求，由于涉及合同约定的变更，应与承包人通过协商达成提前竣工协议作为合同文件的组成部分。协议的内容应包括：承包人修订进度计划及为保证工程质量和安全采取的赶工措施；发包人应提供的条件；所需追加的合同价款；提前竣工给发包人带来效益应给承包人的奖励等。专用条款使用说明中建议，奖励金额可为发包人实际效益的 20%。

三、施工质量管理

（一）质量责任

1. 因承包人原因造成工程质量达不到合同约定验收标准，监理人有权要求承包人返工直至符合合同要求为止，由此造成的费用增加和（或）工期延误由承包人承担。

2. 因发包人原因造成工程质量达不到合同约定验收标准，发包人应承担由于承包人返工造成的费用增加和（或）工期延误，并支付承包人合理利润。

（二）承包人的管理

1. 项目部的人员管理

（1）质量检查制度

承包人应在施工场地设置专门的质量检查机构，配备专职质量检查人员，建立完善的质量检查制度。

（2）规范施工作业的操作程序

承包人应加强对施工人员的质量教育和技术培训，定期考核施工人员的劳动技能，严格执行规范和操作规程。

（3）撤换不称职的人员

当监理人要求撤换不能胜任本职工作、行为不端或玩忽职守的承包人项目经理和其他人员时，承包人应予以撤换。

2. 质量检查

（1）材料和设备的检验

承包人应对使用的材料和设备进行进场检验和使用前的检验，不允许使用不合格的材料和有缺陷的设备。

承包人应按合同约定进行材料、工程设备和工程的试验和检验，并为监理人对材料、工程设备和工程的质量检查提供必要的试验资料和原始记录。按合同约定由监理人与承包人共同进行试验和检验的，承包人负责提供必要的试验资料和原始记录。

（2）施工部位的检查

承包人应对施工工艺进行全过程的质量检查和检验，认真执行自检、互检和工序交叉检验制度，尤其要做好工程隐蔽前的质量检查。

承包人自检确认的工程隐蔽部位具备覆盖条件后，通知监理人在约定的期限内检查，承包人的通知应附有自检记录和必要的检查资料。经监理人检查确认质量符合隐蔽要求，并在检查记录上签字后，承包人才能进行覆盖。监理人检查确认质量不合格的，承包人应在监理人指示的时间内修整或返工后，由监理人重新检查。

承包人未通知监理人到场检查，私自将工程隐蔽部位覆盖，监理人有权指示承包人钻孔探测或揭开检查，由此增加的费用和（或）工期延误由承包人承担。

（3）现场工艺试验

承包人应按合同约定或监理人指示进行现场工艺试验。对大型的现场工艺试验，监理人认为必要时，应由承包人根据监理人提出的工艺试验要求，编制工艺试验措施计划，报送监理人审批。

（三）监理人的质量检查和试验

1. 与承包人的共同检验和试验

监理人应与承包人共同进行材料、设备的试验和工程隐蔽前的检验。收到承包人共同检验的通知后，监理人既未发出变更检验时间的通知，又未按时参加，承包人为了不延误施工可以单独进行检查和试验，将记录送交监理人后可继续施工。此次检查或试验视为监理人在场情况下进行，监理人应签字确认。

2. 监理人指示的检验和试验

（1）材料、设备和工程的重新检验和试验

监理人对承包人的试验和检验结果有疑问，或为查清承包人试验和检验成果的可靠性要求承包人重新试验和检验时，由监理人与承包人共同进行。重新试验和检验的结果证明该项材料、工程设备或工程的质量不符合合同要求，由此增加的费用和（或）工期延误由承包人承担；重新试验和检验结果证明符合合同要求，由发包人承担由此增加的费用和（或）工期延误，并支付承包人合理利润。

（2）隐蔽工程的重新检验

监理人对已覆盖的隐蔽工程部位质量有疑问时，可要求承包人对已覆盖的部位进行钻孔探测或揭开重新检验，承包人应遵照执行，并在检验后重新覆盖恢复原状。经检验证明工程质量符合合同要求，由发包人承担由此增加的费用和（或）工期延误，并支付承包人合理利润；经检验证明工程质量不符合合同要求，由此增加的费用和（或）工期延误由承包人承担。

（四）对发包人提供的材料和工程设备管理

承包人应根据合同进度计划的安排，向监理人报送要求发包人交货的日期计划。发包人应按照监理人与合同双方当事人商定的交货日期，向承包人提交材料和工程设备，并在到货7天前通知承包人。承包人会同监理人在约定的时间内，在交货地点共同进行验收。发包人提供的材料和工程设备验收后，由承包人负责接收、保管和施工现场内的二次搬运所发生的费用。

发包人要求向承包人提前接货的物资，承包人不得拒绝，但发包人应承担承包人由此增加的保管费用。发包人提供的材料和工程设备的规格、数量或质量不符合合同要求，或由于发包人原因发生交货日期延误及交货地点变更等情况时，发包人应承担由此增加的费用和（或）工期延误，并向承包人支付合理利润。

（五）对承包人施工设备的控制

承包人使用的施工设备不能满足合同进度计划或质量要求时，监理人有权要求承包人增加或更换施工设备，增加的费用和工期延误由承包人承担。

承包人的施工设备和临时设施应专用于合同工程，未经监理人同意，不得将施工设备和临时设施中的任何部分运出施工场地或挪作他用。对目前闲置的施工设备或后期不再使用的施工设备，经监理人根据合同进度计划审核同意后，承包人方可将其撤离施工现场。

四、工程款支付管理

（一）通用条款中涉及支付管理的几个概念

标准施工合同的通用条款对涉及支付管理的几个涉及价格的用词做出了明确的规定。

1. 合同价格

（1）签约合同价

签约合同价指签订合同时合同协议书中写明的，包括了暂列金额、暂估价的合同总金额，即中标价。

（2）合同价格

合同价格指承包人按合同约定完成了包括缺陷责任期内的全部承包工作后，发包人应付给承包人的金额。合同价格即承包人完成施工、竣工、保修全部义务后的工程结算总价，包括履行合同过程中按合同约定进行的变更、价款调整、通过索赔应予补偿的金额。

二者的区别表现为，签约合同价是写在协议书和中标通知书内的固定数额，作为结算价款的基数；而合同价格是承包人最终完成全部施工和保修义务后应得的全部合同价款，包括施工过程中按照合同相关条款的约定，在签约合同价基础上应给承包人补偿或扣减的费用之和。因此只有在最终结算时，合同价格的具体金额才可以确定。

2. 签订合同时签约合同价内尚不确定的款项

（1）暂估价

暂估价指发包人在工程量清单中给出的，用于支付必然发生但暂时不能确定价格的材料、设备以及专业工程的金额。该笔款项属于签约合同价的组成部分，合同履行阶段一定发生，但招标阶段由于局部设计深度不够；质量标准尚未最终确定；投标时市场价格差异较大等原因，要求承包人按暂估价格报价部分，合同履行阶段再最终确定该部分的合同价格金额。

暂估价内的工程材料、设备或专业工程施工，属于依法必须招标的项目，施工过程中由发包人和承包人以招标的方式选择供应商或分包人，按招标的中标价确定。未达到必须招标的规模或标准时，材料和设备由承包人负责提供，经监理人确认相应的金额；专业工程施工的价格由监理人进行估价确定。与工程量清单中所列暂估价的金额差以及相应的税金等其他费用列入合同价格。

（2）暂列金额

暂列金额指已标价工程量清单中所列的一笔款项，用于在签订协议书时尚未确定或不可预见变更的施工及其所需材料、工程设备、服务等的金额，包括以计日工方式支付的款项。

上述两笔款项均属于包括在签约合同价内的金额，二者的区别表现为：暂估价是在招标投标阶段暂时不能合理确定价格，但合同履行阶段必然发生，发包人一定予以支付的款项；暂列金额则指招标投标阶段已经确定价格，监理人在合同履行阶段根据工程实际情况指示承包人完成相关工作后给予支付的款项。签约合同价内约定的暂列金额可能全部使用或部分使用，因此承包人不一定能够全部获得支付。

3. 费用和利润

通用条款内对费用的定义为，履行合同所发生的或将要发生的不计利润的所有合理开支，包括管理费和应分摊的其他费用。

合同条款中费用涉及两个方面：一是施工阶段处理变更或索赔时，确定应给承包人补偿的款额；二是按照合同责任应由承包人承担的开支。通用条款中很多涉及应给予承包人补偿的事件，分别明确调整价款的内容为"增加的费用"，或"增加的费用及合理利润"。导致承包人增加开支的事件如果属于发包人也无法合理预见和克服的情况，应补偿费用但不计利润；若属于发包人应予控制而未做好的情况，如因图纸资料错误导致的施工放线返工，则应补偿费用和合理利润。

利润可以通过工程量清单单价分析表中相关子项标明的利润或拆分报价单费用组成确定，也可以在专用条款内具体约定利润占费用的百分比。

4. 质量保证金

质量保证金（保留金）是将承包人的部分应得款扣留在发包人手中，用于因施工原因修复缺陷工程的开支项目。发包人和承包人需在专用条款内约定两个值：一是每次支付工程进度款时应扣质量保证金的比例（例如10%）；二是质量保证金总额，可以采用某一金额或签约合同价的某一百分比。住房和城乡建设部、财政部《建设工程质量保证金管理办法》建质〔2017〕138号规定，发包人应按照合同约定方式预留保证金，保证金总预留比例不得高于工程价款结算总额的3%。合同约定由承包人以银行保函替代预留保证金的，保函金额不得高于工程价款结算总额的3%。

质量保证金从第一次支付工程进度款时开始起扣，从承包人本期应获得的工程进度付款中，扣除预付款的支付、扣回以及因物价浮动对合同价格的调整三项金额后的款额为基数，按专用条款约定的比例扣留本期的质量保证金。累计扣留达到约定的总额为止。

质量保证金用于约束承包人在施工阶段、竣工阶段和缺陷责任期内，均必须按照合同要求对施工的质量和数量承担约定的责任。如果对施工期内承包人修复工程缺陷的费用从工程进度款内扣除，可能影响承包人后期施工的资金周转，因此规定质量保证金从第一次支付工程进度款时起扣。

监理人在缺陷责任期满颁发缺陷责任终止证书后，承包人向发包人申请到期应返还承包人质量保证金的金额，发包人应在14天内会同承包人按照合同约定的内容核实承包人是否完成缺陷修复责任。如无异议，发包人应当在核实后将剩余质量保证金返还承包人。如果约定的缺陷责任期满时，承包人还没有完成全部缺陷修复或部分单位工程延长的缺陷责任期尚未到期，发包人有权扣留与未履行缺陷责任剩余工作所需金额相应的质量保证金。

（二）外部原因引起的合同价格调整

1. 物价浮动的变化

施工工期12个月以上的工程，应考虑市场价格浮动对合同价格的影响，由发包人和承包人分担市场价格变化的风险。通用条款规定用公式法调价，但仅适用于工程量清单中单价支付部分。在调价公式的应用中，有以下几个基本原则：

（1）在每次支付工程进度款计算调整差额时，如果得不到现行价格指数，可暂用上一次价格指数计算，并在以后的付款中再按实际价格指数进行调整。

（2）由于变更导致合同中调价公式约定的权重变得不合理时，由监理人与承包人和发包人协商后进行调整。

（3）因非承包人原因导致工期顺延，原定竣工日后的支付过程中，调价公式继续有效。

（4）因承包人原因未在约定的工期内竣工，后续支付时应采用原约定竣工日与实际支付日的两个价格指数中，较低的一个作为支付计算的价格指数。

（5）人工、机械使用费按照国家或省、自治区、直辖市建设行政管理部门、行业建设管理部门或其授权的工程造价管理机构发布的人工成本信息、机械台班单价或机械使用费系数进行调整；需要调整价格的材料，以监理人复核后确认的材料单价及数量，作为调整工程合同价格差额的依据。

2. 法律法规的变化

基准日后，因法律、法规变化导致承包人的施工费用发生增减变化时，监理人根据法律、国家或省、自治区、直辖市有关部门的规定，监理人采用商定或确定的方式对合同价款进行调整。

（三）工程量计量

已完成合格工程量计量的数据，是工程进度款支付的依据。工程量清单或报价单内承包工作的内容，既包括单价支付的项目，也可能有总价支付部分，如设备安装工程的施工。单价支付与总价支付的项目在计量和付款中有较大区别。单价子目已完成工程量按月计量；总价子目的计量周期按已批准承包人的支付分解报告确定。

1. 单价子目的计量

对已完成的工程进行计量后，承包人向监理人提交进度付款申请单、已完成工程量报表和有关计量资料。监理人应在收到承包人提交的工程量报表后的 7 天内进行复核，监理人未在约定时间内复核，承包人提交的工程量报表中的工程量视为承包人实际完成的工程量，据此计算工程价款。

监理人对数量有异议或监理人认为有必要时，可要求承包人进行共同复核和抽样复测。承包人应协助监理人进行复核，并按监理人要求提供补充计量资料。承包人未按监理人要求参加复核，监理人单方复核或修正的工程量作为承包人实际完成的工程量。

2. 总价子目的计量

总价子目的计量和支付应以总价为基础，不考虑市场价格浮动的调整。承包人实际完成的工程量，是进行工程目标管理和控制进度支付的依据。

承包人在合同约定的每个计量周期内，对已完成的工程进行计量，并向监理人提交进度付款申请单、专用条款约定的合同总价支付分解表所表示的阶段性或分项计量的支持性资料，以及所达到工程形象进度或分阶段完成的工程量和有关计量资料。监理人对承包人提交的资料进行复核，有异议时可要求承包人进行共同复核和抽样复测。除变更外，总价子目表中标明的工程量是用于结算的工程量，通常不进行现场计量，只进行图纸计量。

（四）工程进度款的支付

1. 进度付款申请单

承包人应在每个付款周期末，按监理人批准的格式和专用条款约定的份数，向监理人提交进度付款申请单，并附相应的支持性证明文件。通用条款中要求进度付款申请单的内容包括：

（1）截至本次付款周期末已实施工程的价款；

（2）变更金额；

（3）索赔金额；

（4）本次应支付的预付款和扣减的返还预付款；

（5）本次扣减的质量保证金；

（6）根据合同应增加和扣减的其他金额。

2. 进度款支付证书

监理人在收到承包人进度付款申请单以及相应的支持性证明文件后的 14 天内完成核查，提出发包人到期应支付给承包人的金额以及相应的支持性材料。经发包人审查同意后，由监理人向承包人出具经发包人签认的进度付款证书。

监理人有权扣发承包人未能按照合同要求履行任何工作或义务的相应金额，如扣除质量不合格部分的工程款等。

通用条款规定，监理人出具的进度付款证书，不应视为监理人已同意、批准或接受了承包人完成的该部分工作，在对以往历次已签发的进度付款证书进行汇总和复核中发现错、漏或重复的，监理人有权予以修正，承包人也有权提出修正申请。经双方复核同意的修正，应在本次进度付款中支付或扣除。

3. 进度款的支付

发包人应在监理人收到进度付款申请单后的 28 天内，将进度应付款支付给承包人。发包人不按期支付，按专用合同条款的约定支付逾期付款违约金。

五、施工安全管理

（一）发包人的施工安全责任

发包人应按合同约定履行安全管理职责，授权监理人按合同约定的安全工作内容监督、检查承包人安全工作的实施，组织承包人和有关单位进行安全检查。发包人应对其现场机构全部人员的工伤事故承担责任，但由于承包人原因造成发包人人员工伤的，应由承包人承担责任。

发包人应负责赔偿工程或工程的任何部分对土地的占用所造成的第三者财产损失，以及由于发包人原因在施工场地及其毗邻地带造成的第三者人身伤亡和财产损失负责赔偿。

（二）承包人的施工安全责任

承包人应按合同约定的安全工作内容，编制施工安全措施计划报送监理人审批，按监理人的指示制定应对灾害的紧急预案，报送监理人审批。承包人还应按预案做好安全检查，配置必要的救助物资和器材，切实保护好有关人员的人身和财产安全。

施工过程中负责施工作业安全管理，特别应加强易燃易爆材料、火工器材、有毒与腐蚀性材料和其他危险品的管理，加强爆破作业和地下工程施工等危险作业的管理。严格按照国家安全标准制定施工安全操作规程，配备必要的安全生产和劳动保护设施，加强对承包人人员的安全教育，并发放安全工作手册和劳动保护用具。合同约定的安全作业环境及安全施工措施所需费用已包括在相关工作的合同价格中；因采取合同未约定的安全作业环境及安全施工措施增加的费用，由监理人按商定或确定方式予以补偿。

承包人对其履行合同所雇佣的全部人员，包括分包人人员的工伤事故承担责任，但由于发包人原因造成承包人人员的工伤事故，应由发包人承担责任。由于承包人原因在施工场地内及其毗邻地带造成的第三者人员伤亡和财产损失，由承包人负责赔偿。

（三）安全事故处理程序

1. 通知

施工过程中发生安全事故时，承包人应立即通知监理人，监理人应立即通知发包人。

2. 及时采取减损措施

工程事故发生后，发包人和承包人应立即组织人员和设备进行紧急抢救和抢修，减少人员伤亡和财产损失，防止事故扩大，并保护事故现场。需要移动现场物品时，应做出标记和书面记录，妥善保管有关证据。

3. 报告

工程事故发生后，发包人和承包人应按国家有关规定，及时如实地向有关部门报告事故发生的情况，以及正在采取的紧急措施。

六、变更管理

施工过程中出现的变更包括监理人指示的变更和承包人申请的变更两类。监理人可按通用条款约定的变更程序向承包人做出变更指示，承包人应遵照执行。没有监理人的变更指示，承包人不得擅自变更。

（一）变更的范围和内容

标准施工合同通用条款规定的变更范围包括：

（1）取消合同中任何一项工作，但被取消的工作不能转由发包人或其他人实施；

（2）改变合同中任何一项工作的质量或其他特性；

（3）改变合同工程的基线、标高、位置或尺寸；

（4）改变合同中任何一项工作的施工时间或改变已批准的施工工艺或顺序；

（5）为完成工程需要追加的额外工作。

（二）监理人指示变更

监理人根据工程施工的实际需要或发包人要求实施的变更，可以进一步划分为直接指示的变更和通过与承包人协商后确定的变更两种情况。

1. 直接指示的变更

直接指示的变更属于必须实施的变更，如按照发包人的要求提高质量标准、设计错误需要进行的设计修改、协调施工中的交叉干扰等情况。此时不需征求承包人意见，监理人经过发包人同意后发出变更指示要求承包人完成变更工作。

2. 与承包人协商后确定的变更

此类情况属于可能发生的变更，与承包人协商后再确定是否实施变更，如增加承包范围外的某项新增工作或改变合同文件中的要求等。

（1）监理人首先向承包人发出变更意向书，说明变更的具体内容、完成变更的时间要求等，并附必要的图纸和相关资料。

（2）承包人收到监理人的变更意向书后，如果同意实施变更，则向监理人提出书面变更建议。建议书的内容包括拟实施变更工作的计划、措施、竣工时间等内容的实施方案以及费用和（或）工期要求。若承包人收到监理人的变更意向书后认为难以实施此项变更，也应立即通知监理人，说明原因并附详细依据。如不具备实施变更项目的施工资质、无相应的施工机具等原因或其他理由。

（3）监理人审查承包人的建议书。如果承包人根据变更意向书要求提交的变更实施方案可行并经发包人同意后，监理人发出变更指示。如果承包人不同意变更，监理人与承包人和发包人协商后确定撤销、改变或不改变变更意向书。

（三）承包人申请变更

承包人提出的变更可能涉及建议变更和要求变更两类。

1. 承包人建议的变更

承包人对发包人提供的图纸、技术要求以及其他方面，提出了可能降低合同价格、缩短工期或者提高工程经济效益的合理化建议，均应以书面形式提交监理人。合理化建议书的内容应包括建议工作的详细说明、进度计划和效益以及与其他工作的协调等，并附必要的设计文件。

监理人与发包人协商是否采纳承包人提出的建议。建议被采纳并构成变更的，监理人向承包人发出变更指示。

承包人提出的合理化建议使发包人获得了降低工程造价、缩短工期、提高工程运行效益等实际利益，应按专用合同条款中的约定给予奖励。

2. 承包人要求的变更

承包人收到监理人按合同约定发出的图纸和文件，经检查认为其中存在属于变更范围的情形，如提高了工程质量标准、增加工作内容、工程的位置或尺寸发生变化等，可向监理人提出书面变更建议。变更建议应阐明要求变更的依据，并附必要的图纸和说明。

监理人收到承包人的书面建议后，应与发包人共同研究，确认存在变更的，应在收到承包人书面建议后的 14 天内做出变更指示。经研究后不同意作为变更的，由监理人书面答复承包人。

（四）变更估价

1. 变更估价的程序

承包人应在收到变更指示或变更意向书后的 14 天内，向监理人提交变更报价书，详细开列变更工作的价格组成及其依据，并附必要的施工方法说明和有关图纸。变更工作如果影响工期，承包人应提出调整工期的具体细节。

监理人收到承包人变更报价书后的 14 天内，根据合同约定的估价原则，商定或确定变更价格。

2. 变更的估价原则

（1）已标价工程量清单中有适用于变更工作的子目，采用该子目的单价计算变更费用；

（2）已标价工程量清单中无适用于变更工作的子目，但有类似子目，可在合理范围内参照类似子目的单价，由监理人商定或确定变更工作的单价；

（3）已标价工程量清单中无适用或类似子目的单价，可按照成本加利润的原则，由监理人商定或确定变更工作的单价。

（五）不利物质条件的影响

不利物质条件属于发包人应承担的风险，指承包人在施工场地遇到的不可预见的自然物质条件、非自然的物质障碍和污染物，包括地下和水文条件，但不包括气候条件。

承包人遇到不利物质条件时，应采取适应不利物质条件的合理措施继续施工，并通知监理人。监理人应当及时发出指示，构成变更的，按变更对待。如果监理人没有发出指示，承包人因采取合理措施而增加的费用和工期延误，仍由发包人承担。

七、不可抗力

（一）不可抗力事件

不可抗力是指承包人和发包人在订立合同时不可预见，在工程施工过程中不可避免发生并不能克服的自然灾害和社会性突发事件，如：地震、海啸、瘟疫、水灾、骚乱、暴动、战争和专用合同条款约定的其他情形。

（二）不可抗力发生后的管理

1. 通知并采取措施

合同一方当事人遇到不可抗力事件，使其履行合同义务受到阻碍时，应立即通知合同另一方当事人和监理人，书面说明不可抗力和受阻碍的详细情况，并提供必要的证明。不可抗力发生后，发包人和承包人均应采取措施尽量避免和减少损失的扩大，任何一方没有采取有效措施导致损失扩大的，应对扩大的损失承担责任。

如果不可抗力的影响持续时间较长，合同一方当事人应及时向合同另一方当事人和监理人提交中间报告，说明不可抗力和履行合同受阻的情况，并于不可抗力事件结束后 28 天内提交最终报告及有关资料。

2. 不可抗力造成的损失

通用条款规定，不可抗力造成的损失由发包人和承包人分别承担：

（1）永久工程，包括已运至施工场地的材料和工程设备的损害，以及因工程损害造成的第三者人员伤亡和财产损失由发包人承担；

（2）承包人设备的损坏由承包人承担；

（3）发包人和承包人各自承担其人员伤亡和其他财产损失及其相关费用；

（4）停工损失由承包人承担，但停工期间应监理人要求照管工程和清理、修复工程的金额由发包人承担；

（5）不能按期竣工的，应合理延长工期，承包人不需支付逾期竣工违约金。发包人要求赶工的，承包人应采取赶工措施，赶工费用由发包人承担。

（三）因不可抗力解除合同

合同一方当事人因不可抗力导致不可能继续履行合同义务时，应当及时通知对方解除合同。合同解除后，承包人应撤离施工场地。

合同解除后，已经订货的材料、设备由订货方负责退货或解除订货合同，不能退还的货款和因退货、解除订货合同发生的费用，由发包人承担，因未及时退货造成的损失由责任方承担。合同解除后的付款，监理人与当事人双方协商后确定。

八、索赔管理

（一）承包人的索赔

1. 承包人提出索赔要求

承包人根据合同认为有权得到追加付款和（或）延长工期时，应按规定程序向发包人提出索赔。

承包人应在引起索赔事件发生的后 28 天内，向监理人递交索赔意向通知书，并说明发生索赔事件的事由。承包人未在前述 28 天内发出索赔意向通知书，丧失要求追加付款和（或）延长工期的权利。

承包人应在发出索赔意向通知书后 28 天内，向监理人递交正式的索赔通知书，详细说明索赔理由以及要求追加的付款金额和（或）延长的工期，并附必要的记录和证明材料。

对于具有持续影响的索赔事件，承包人应按合理时间间隔陆续递交延续的索赔通知，说明连续影响的实际情况和记录，列出累计的追加付款金额和（或）工期延长天数。在索赔事件影响结束后的 28 天内，承包人应向监理人递交最终索赔通知书，说明最终要求索赔的追加付款金额和延长的工期，并附必要的记录和证明材料。

2. 监理人处理索赔

监理人收到承包人提交的索赔通知书后，应及时审查索赔通知书的内容、查验承包人的记录和证明材料，必要时监理人可要求承包人提交全部原始记录副本。

监理人首先应争取通过与发包人和承包人协商达成索赔处理的一致意见，如果分歧较大，再单独确定追加的付款和（或）延长的工期。监理人应在收到索赔通知书或有关索赔的进一步证明材料后的 42 天内，将索赔处理结果答复承包人。

承包人接受索赔处理结果，发包人应在做出索赔处理结果答复后 28 天内完成赔付。承包人不接受索赔处理结果的，按合同争议解决。

3. 承包人提出索赔的期限

竣工阶段发包人接受了承包人提交并经监理人签认的竣工付款证书后，承包人不能再对施工阶段、竣工阶段的事项提出索赔要求。

缺陷责任期满承包人提交的最终结清申请单中，只限于提出工程接收证书颁发后发生的索赔。提出索赔的期限至发包人接受最终结清证书时止，即合同终止后承包人就失去索赔的权利。

4. 标准施工合同中涉及应给承包人补偿的条款标准施工合同通用条款中，可以给承包人补偿的条款如表 6-2 所示。

标准施工合同中应给承包人补偿的条款　　　　　表 6-2

序号	款号	主要内容	可补偿内容		
			工期	费用	利润
1	1.10.1	文物、化石	√	√	
2	3.4.5	监理人的指示延误或错误指示		√	√
3	4.11.2	不利的物质条件	√	√	
4	5.2.4	发包人提供的材料和工程设备提前交货			
5	5.4.3	发包人提供的材料和工程设备不符合合同要求	√	√	√
6	8.3	基准资料的错误	√	√	
7	11.3(1)	增加合同工作内容	√	√	√
8	(2)	改变合同中任何一项工作的质量要求或其他特性			
9	(3)	发包人迟延提供材料、工程设备或变更交货地点的	√	√	√
10	(4)	因发包人原因导致的暂停施工			
11	(5)	提供图纸延误	√	√	√

序号	款号	主要内容	可补偿内容		
			工期	费用	利润
12	（6）	未按合同约定及时支付预付款、进度款	√	√	√
13	11.4	异常恶劣的气候条件	√		
14	12.2	发包人原因的暂停施工	√	√	√
15	12.4.2	发包人原因无法按时复工	√	√	√
16	13.1.3	发包人原因导致工程质量缺陷	√	√	√
17	13.5.3	隐蔽工程重新检验质量合格	√	√	√
18	13.6.2	发包人提供的材料和设备不合格承包人采取补救	√	√	√
19	14.1.3	对材料或设备的重新试验或检验证明质量合格	√	√	√
20	16.1	附加浮动引起的价格调整		√	
21	16.2	法规变化一起的价格调整		√	
22	18.4.2	发包人提前占用工程导致承包人费用增加	√	√	√
23	18.6.2	发包人原因试运行失败，承包人修复		√	√
24	22.2.2	因发包人违约承包人暂停施工	√	√	√
25	21.3(4)	不可抗力停工期间的照管和后续清理		√	
26	（5）	不可抗力不能按期竣工	√		

（二）发包人的索赔

1. 发包人提出索赔

发包人的索赔包括承包人应承担责任的赔偿扣款和缺陷责任期的延长。发生索赔事件后，监理人应及时书面通知承包人，详细说明发包人有权得到的索赔金额和（或）延长缺陷责任期的细节和依据。发包人提出索赔的期限对承包人的要求相同，即颁发工程接收证书后，不能再对施工期间的事件索赔；最终结清证书生效后，不能再就缺陷责任期内的事件索赔，因此延长缺陷责任期的通知应在缺陷责任期届满前提出。

2. 监理人处理索赔

监理人也应首先通过与当事人双方协商争取达成一致，分歧较大时在协商基础上确定索赔的金额和缺陷责任期延长的时间。承包人应付给发包人的赔偿款从应支付给承包人的合同价款或质量保证金内扣除，也可以由承包人以其他方式支付。

九、违约责任

通用条款对发包人和承包人违约的情况及处理分别做了明确的规定。

（一）承包人违约

1. 违约情况

（1）私自将合同的全部或部分权利转让给其他人，将合同的全部或部分义务转移给其他人；

（2）未经监理人批准，私自将已按合同约定进入施工场地的施工设备、临时设施或材料撤离施工场地；

（3）使用不合格材料或工程设备，工程质量达不到标准要求，又拒绝清除不合格工程；

（4）未能按合同进度计划及时完成合同约定的工作，已造成或预期造成工期延误；

（5）缺陷责任期内未对工程接收证书所列缺陷清单的内容或缺陷责任期内发生的缺陷进行修复，又拒绝按监理人指示再进行修补；

（6）承包人无法继续履行或明确表示不履行或实质上已停止履行合同；

（7）承包人不按合同约定履行义务的其他情况。

2. 承包人违约的处理

发生承包人不履行或无力履行合同义务的情况时，发包人可通知承包人立即解除合同。

对于承包人违反合同规定的情况，监理人应向承包人发出整改通知，要求其在指定的期限内改正。承包人应承担其违约所引起的费用增加和（或）工期延误。监理人发出整改通知 28 天后，承包人仍不纠正违约行为，发包人可向承包人发出解除合同通知。

3. 因承包人违约解除合同

（1）发包人进驻施工现场

合同解除后，发包人可派员进驻施工场地，另行组织人员或委托其他承包人施工。发包人因继续完成该工程的需要，有权扣留使用承包人在现场的材料、设备和临时设施。这种扣留不是没收，只是为了后续工程能够尽快顺利开始。发包人的扣留行为不免除承包人应承担的违约责任，也不影响发包人根据合同约定享有的索赔权利。

（2）合同解除后的结算

1）监理人与当事人双方协商承包人实际完成工作的价值，以及承包人已提供的材料、施工设备、工程设备和临时工程等的价值。达不成一致，由监理人单独确定。

2）合同解除后，发包人应暂停对承包人的一切付款，查清各项付款和已扣款金额，包括承包人应支付的违约金。

3）发包人应按合同的约定向承包人索赔由于解除合同给发包人造成的损失。

4）合同双方确认上述往来款项后，发包人出具最终结清付款证书，结清全部合同款项。

5）发包人和承包人未能就解除合同后的结清达成一致，按合同约定解决争议的方法处理。

（3）承包人已签订其他合同的转让

因承包人违约解除合同，发包人有权要求承包人将其为实施合同而签订的材料和设备的订货合同或任何服务协议转让给发包人，并在解除合同后的 14 天内，依法办理转让手续。

（二）发包人违约

1. 违约情况

（1）发包人未能按合同约定支付预付款或合同价款，或拖延、拒绝批准付款申请和支付凭证，导致付款延误；

（2）发包人原因造成停工的持续时间超过 56 天以上；

（3）监理人无正当理由没有在约定期限内发出复工指示，导致承包人无法复工；

（4）发包人无法继续履行或明确表示不履行或实质上已停止履行合同；

（5）发包人不履行合同约定的其他义务。

2. 发包人违约的处理

（1）承包人有权暂停施工

除了发包人不履行合同义务或无力履行合同义务的情况外，承包人向发包人发出通知，要求发包人采取有效措施纠正违约行为。发包人收到承包人通知后的 28 天内仍不履行合同义务，承包人有权暂停施工，并通知监理人，发包人应承担由此增加的费用和（或）工期延误，并支付承包人合理利润。

承包人暂停施工 28 天后，发包人仍不纠正违约行为，承包人可向发包人发出解除合同通知。但承包人的这一行为不免除发包人应承担的违约责任，也不影响承包人根据合同约定享有的索赔权利。

（2）违约解除合同

属于发包人不履行或无力履行义务的情况，承包人可书面通知发包人解除合同。

3. 因发包人违约解除合同

（1）解除合同后的结算

发包人应在解除合同后 28 天内向承包人支付下列金额：

1）合同解除日以前所完成工作的价款。

2）承包人为该工程施工订购并已付款的材料、工程设备和其他物品的金额。发包人付款后，该材料、工程设备和其他物品归发包人所有。

3）承包人为完成工程所发生的，而发包人未支付的金额。

4）承包人撤离施工场地以及遣散承包人人员的赔偿金额。

5）由于解除合同应赔偿的承包人损失。

6）按合同约定在合同解除日前应支付给承包人的其他金额。

发包人应按本项约定支付上述金额并退还质量保证金和履约担保，但有权要求承包人支付应偿还给发包人的各项金额。

（2）承包人撤离施工现场

因发包人违约而解除合同后，承包人尽快完成施工现场的清理工作，妥善做好已竣工工程和已购材料、设备的保护和移交工作，按发包人要求将承包人设备和人员撤出施工场地。

《最高人民法院关于审理建设工程施工合同纠纷案件适用法律问题的解释（二）》法释〔2018〕20 号规定，建设工程合同纠纷中，与发包人订立建设工程施工合同的承包人，根据合同法第二百八十六条规定请求其承建工程的价款，除逾期支付建设工程价款的利息、违约金、损害赔偿金等之外且工程质量合格的，就工程折价或者拍卖的价款优先受偿的，人民法院应予支持。承包人行使建设工程价款优先受偿权的期限为六个月，自发包人应当给付建设工程价款之日起算。

十、竣工验收管理

（一）单位工程验收

1. 单位工程验收的情况

合同工程全部完工前进行单位工程验收和移交，可能涉及以下三种情况：一是专用条款内约定了某些单位工程分部移交；二是发包人在全部工程竣工前希望使用已经竣工的单位工程，提出单位工程提前移交的要求，以便获得部分工程的运行收益；三是承包人从后续施工管理的角度出发而提出单位工程提前验收的建议，并经发包人同意。

2. 单位工程验收后的管理

验收合格后，由监理人向承包人出具经发包人签认的单位工程验收证书。单位工程的验收成果和结论作为全部工程竣工验收申请报告的附件。移交后的单位工程由发包人负责照管。

除了合同约定的单位工程分部移交的情况外，如果发包人在全部工程竣工前，使用已接收的单位工程运行影响了承包人的后续施工，发包人应承担由此增加的费用和（或）工期延误，并支付承包人合理利润。

（二）施工期运行

施工期运行是指合同工程尚未全部竣工，其中某项或某几项单位工程已竣工或工程设备安装完毕，需要投入施工期的运行时，须经检验合格能确保安全后，才能在施工期投入运行。

除了专用条款约定由发包人负责试运行的情况外，承包人应负责提供试运行所需的人员、器材和必要的条件，并承担全部试运行费用。施工期运行中发现工程或工程设备损坏或存在缺陷时，由承包人进行修复，并按照缺陷原因由责任方承担相应的费用。

（三）合同工程的竣工验收

1. 承包人提交竣工验收申请报告

当工程具备以下条件时，承包人可向监理人报送竣工验收申请报告：

（1）除监理人同意列入缺陷责任期内完成的尾工（甩项）工程和缺陷修补工作外，承包人的施工已完成合同范围内的全部单位工程以及有关工作，包括合同要求的试验、试运行以及检验和验收均已完成，并符合合同要求；

（2）已按合同约定的内容和份数备齐了符合要求的竣工资料；

（3）已按监理人的要求编制了在缺陷责任期内完成的尾工（甩项）工程和缺陷修补工作清单以及相应施工计划；

（4）监理人要求在竣工验收前应完成的其他工作；

（5）监理人要求提交的竣工验收资料清单。

2. 监理人审查竣工验收报告

监理人审查申请报告的各项内容，认为工程尚不具备竣工验收条件时，应在收到竣工验收申请报告后的 28 天内通知承包人，指出在颁发接收证书前承包人还需进行的工作内容。承包人完成监理人通知的全部工作内容后，应再次提交竣工验收申请报告，直至监理人同意为止。

监理人审查后认为已具备竣工验收条件，应在收到竣工验收申请报告后的 28 天内提请发包人进行工程验收。

3. 竣工验收

（1）竣工验收合格，监理人应在收到竣工验收申请报告后的 56 天内，向承包人出具经发包人签认的工程接收证书。以承包人提交竣工验收申请报告的日期为实际竣工日期，并在工程接收证书中写明。实际竣工日用以计算施工期限，与合同工期对照判定承包人是提前竣工还是延误竣工。

（2）竣工验收基本合格但提出了需要整修和完善要求时，监理人应指示承包人限期修好，并缓发工程接收证书。经监理人复查整修和完善工作达到了要求，再签发工程接收证书，竣工日仍为承包人提交竣工验收申请报告的日期。

（3）竣工验收不合格，监理人应按照验收意见发出指示，要求承包人对不合格工程认真返工重作或进行补救处理，并承担由此产生的费用。承包人在完成不合格工程的返工重作或补救工作后，应重新提交竣工验收申请报告。重新验收如果合格，则工程接收证书中注明的实际竣工日，应为承包人重新提交竣工验收报告的日期。

4. 延误进行竣工验收

发包人在收到承包人竣工验收申请报告 56 天后未进行验收，视为验收合格。实际竣工日期以提交竣工验收申请报告的日期为准，但发包人由于不可抗力不能进行验收的情况除外。

《最高人民法院关于审理建设工程施工合同纠纷案件适用法律问题的解释》法释〔2004〕14 号规定，当事人对建设工程实际竣工日期有争议的，按照以下情形分别处理：

（1）建设工程经竣工验收合格的，以竣工验收合格之日为竣工日期；

（2）承包人已经提交竣工验收报告，发包人拖延验收的，以承包人提交验收报告之日为竣工日期；

（3）建设工程未经竣工验收，发包人擅自使用的，以转移占有建设工程之日为竣工日期。

（四）竣工结算

1. 承包人提交竣工付款申请单

工程进度款的分期支付是阶段性的临时支付，因此在工程接收证书颁发后，承包人应按专用合同条款约定的份数和期限向监理人提交竣工付款申请单，并提供相关证明材料。付款申请单应说明竣工结算的合同总价、发包人已支付承包人的工程价款、应扣留的质量保证金、应支付的竣工付款金额。

2. 监理人审查

竣工结算的合同价格，应为通过单价乘以实际完成工程量的单价子目款、采用固定价格的各子项目包干价、依据合同条款进行调整（变更、索赔、物价浮动调整等）构成的最终合同结算价。

监理人对竣工付款申请单如果有异议，有权要求承包人进行修正和提供补充资料。监理人和承包人协商后，由承包人向监理人提交修正后的竣工付款申请单。

3. 签发竣工付款证书

监理人在收到承包人提交的竣工付款申请单后的 14 天内完成核查，将核定的合同价格和结算尾款金额提交发包人审核并抄送承包人。发包人应在收到后 14 天内审核完毕，由监理人向承包人出具经发包人签认的竣工付款证书。

监理人未在约定时间内核查，又未提出具体意见的，视为承包人提交的竣工付款申请单已经监理人核查同意。

发包人未在约定时间内审核又未提出具体意见，监理人提出发包人到期应支付给承包人的结算尾款视为已经发包人同意。

4. 支付

发包人应在监理人出具竣工付款证书后的 14 天内，将应支付款支付给承包人。发包人不按期支付，还应加付逾期付款的违约金。如果承包人对发包人签认的竣工付款证书有异议，发包人可出具竣工付款申请单中承包人已同意部分的临时付款证书，存在争议的部分，按合同约定的争议条款处理。

（五）竣工清场

1. 承包人的清场义务

工程接收证书颁发后，承包人应对施工场地进行清理，直至监理人检验合格为止。

（1）施工场地内残留的垃圾已全部清除出场；

（2）临时工程已拆除，场地已按合同要求进行清理、平整或复原；

（3）按合同约定应撤离的承包人设备和剩余的材料，包括废弃的施工设备和材料，已按计划撤离施工场地；

（4）工程建筑物周边及其附近道路、河道的施工堆积物，已按监理人指示全部清理；

（5）监理人指示的其他场地清理工作已全部完成。

2. 承包人未按规定完成的责任

承包人未按监理人的要求恢复临时占地，或者场地清理未达到合同约定，发包人有权委托其他人恢复或清理，所发生的金额从拟支付给承包人的款项中扣除。

十一、缺陷责任期管理

（一）缺陷责任

缺陷责任期自实际竣工日期起计算。在全部工程竣工验收前，已经发包人提前验收的单位工程，其缺陷责任期的起算日期相应提前。

工程移交发包人运行后，缺陷责任期内出现的工程质量缺陷可能是承包人的施工质量原因，也可能属于非承包人应负责的原因导致。应由监理人与发包人和承包人共同查明原因，分清责任。对于工程主要部位承包人责任的缺陷工程修复后，缺陷责任期相应延长。

任何一项缺陷或损坏修复后，经检查证明其影响了工程或工程设备的使用性能，承包人应重新进行合同约定的试验和试运行，试验和试运行的全部费用应由责任方承担。

（二）监理人颁发缺陷责任终止证书

缺陷责任期满，包括延长的期限终止后 14 天内，由监理人向承包人出具经发包人签认的缺陷责任期终止证书，并退还剩余的质量保证金。颁发缺陷责任期终止证书，意味承包人已按合同约定完成了施工、竣工和缺陷修复责任的义务。

（三）最终结清

缺陷责任期终止证书签发后，发包人与承包人进行合同付款的最终结清。结清的内容涉及质量保证金的返还、缺陷责任期内修复非承包人缺陷责任的工作、缺陷责任期内涉及的索赔等。

1. 承包人提交最终结清申请单

承包人按专用合同条款约定的份数和期限向监理人提交最终结清申请单，并提供缺陷责任期内的索赔、质量保证金应返还的余额等的相关证明材料。如果质量保证金不足以抵减发包人损失时，承包人还应承担不足部分的赔偿责任。

发包人对最终结清申请单内容有异议时，有权要求承包人进行修正和提供补充资料。

承包人再向监理人提交修正后的最终结清申请单。

2. 签发最终结清证书

监理人收到承包人提交的最终结清申请单后的 14 天内，提出发包人应支付给承包人的价款送发包人审核并抄送承包人。发包人应在收到后 14 天内审核完毕，由监理人向承包人出具经发包人签认的最终结清证书。

监理人未在约定时间内核查，又未提出具体意见，视为承包人提交的最终结清申请已经监理人核查同意。发包人未在约定时间内审核又未提出具体意见，监理人提出应支付给承包人的价款视为已经发包人同意。

3. 最终支付

发包人应在监理人出具最终结清证书后的 14 天内，将应支付款支付给承包人。发包人不按期支付，还需将逾期付款违约金支付给承包人。承包人对最终结清证书有异议，按合同争议处理。

4. 结清单生效

承包人收到发包人最终支付款后结清单生效。结清单生效即表明合同终止，承包人不再拥有索赔的权利。如果发包人未按时支付结清款，承包人仍可就此事项进行索赔。

思 考 题

1. 监理人在合同履行管理中的作用表现在哪些方面？
2. 施工合同包括哪些文件？
3. 订立施工合同时应明确哪些内容？
4. 施工过程中发生哪些情况可以给承包人顺延合同工期？
5. 施工合同中对计量和支付分别做了哪些规定？
6. 监理人如何处理变更的有关问题？
7. 缺陷责任期和保修期有何区别？

第七章　建设工程总承包合同管理

第一节　工程总承包合同特点

2012 年九部委在颁布标准施工合同文件的基础上，颁发了《标准设计施工总承包招标文件》（2012 年版），其中包括"合同条款及格式"（以下简称"设计施工总承包合同"）。设计施工总承包合同文件，适用于设计施工一体化的总承包招标。

设计施工总承包合同的文件的招标文件和合同通用条款的使用要求与标准施工合同文件的要求相同。其合同文件组成与标准施工合同相同，也是由协议书、通用条款和专用条款组成，与标准施工合同内容相同的条款在用词上也完全一致。

设计施工总承包合同的通用条款，包括 24 条，共计 304 款，内容包括：一般约定；发包人义务；监理人；承包人；设计；材料和工程设备；施工设备和临时设施；交通运输；测量放线；施工安全、治安保卫和环境保护；开始工作和竣工；暂停施工；工程质量；试验和检验；变更；价格调整；合同价格与支付；竣工试验和竣工验收；缺陷责任与保修责任；保险；不可抗力；违约；索赔；争议的解决。

由于设计施工总承包合同与标准施工合同文件的条款结构基本一致，施工阶段的很多条款在用词、用语方面与标准施工合同完全相同，因此本节不再赘述。

一、设计施工总承包合同方式的优点

与发包人将工程项目建设的全部任务采用平行发包或陆续发包的方式比较，项目建设设计施工总承包方式对发包人而言，在实施项目的管理有较为突出的优点。

1. 单一的合同责任

发包人与承包人签订总承包合同后，合同责任明确，对设计、招标、实施过程的管理均仅进行宏观控制，简化了管理的工作内容。

2. 固定工期、固定费用

国际工程总承包合同通常采用固定工期、固定费用的承包方式，项目建设的预期目标容易实现。我国的标准设计施工总承包合同，分别给出可以补偿或不补偿两种可供发包人选择的合同模式。

3. 可以缩短建设周期

由于承包人对项目实施的全过程进行一体化管理，不必等工程的全部设计完成后再开始施工，单位工程的施工图设计完成并通过评审后既可开始该单位工程的施工。设计与施工在时间上可以进行合理的搭接，缩短项目实施的总时间。

4. 减少设计变更

承包的范围内包括设计、招标、施工、试运行的全部工作内容，设计在满足招标人要求的前提下，可以充分体现施工的专利技术、专有技术在施工中的应用，达到设计与施工的紧密衔接。

5. 减少承包人的索赔

常规的施工承包合同在履行过程中，发包人承担了较多自己主观无法控制不确定因素发生的风险，承包人的索赔将分散双方管理过程中的很多精力，而总承包合同发包人仅承担签订合同阶段承包人无法合理预见的重大风险，单一的合同责任减少了大量的索赔处理工作，使投资和工期得到保障。

二、设计施工总承包合同方式的不足

总承包方式对发包人而言也有一些不利因素。

1. 设计不一定是最优方案

由于在招标文件中发包人仅对项目的建设提出具体要求，实际方案由承包人提出，设计可能受到实施者利益影响，对工程实施成本的考虑往往会影响到设计方案的优化。工程选用的质量标准只要满足发包人要求即可，不会采用更高的质量标准。

2. 减弱实施阶段发包人对承包人的监督和检查

虽然设计和施工过程中，发包人也聘请监理人（或发包人代表），但由于设计方案和质量标准均出自承包人，监理人对项目实施的监督力度比发包人委托设计再由承包人施工的管理模式，对设计的细节和施工过程的控制能力降低。

第二节 工程总承包合同有关各方管理职责

一、发包人义务

发包人是总承包合同的一方当事人，对工程项目的实施负责投资支付和项目建设有关重大事项的决定。

发包人在履行合同过程中应遵守法律，按照法律规定和合同约定履行相关职责，发包人应委托监理人按约定向承包人发出开始工作通知，向承包人提供施工场地及进场施工条件，并明确与承包人的交接界面。由发包人负责按时办理的工程建设项目必须履行的各类审批、核准或备案。发包人对承包人负责的有关设计、施工证件和批件，应给予必要的协助。

发包人应按合同约定向承包人及时支付合同价款，并按专用合同条款的约定是否实施工程款支付担保。

发包人应按合同约定及时组织竣工验收等合同约定的其他义务。

二、承包人义务

承包人是总承包合同的另一方当事人，按合同的约定承担完成工程项目的设计、招标、采购、施工、试运行和缺陷责任期的质量缺陷修复责任。

1. 对联合体承包人的规定

总承包合同的承包人可以是独立承包人，也可以是联合体。对于联合体的承包人，合同履行过程中发包人和监理人仅与联合体牵头人或联合体授权的代表联系，由其负责组织和协调联合体各成员全面履行合同。由于联合体的组成和内部分工是评标中很重要的评审内容，联合体协议经发包人确认后已作为合同附件，因此通用条款规定，履行合同过程中，未经发包人同意，承包人不得擅自改变联合体的组成和修改联合体协议。

2. 对分包工程的规定

在项目实施过程中可能需要分包人承担部分工作，如设计分包人、施工分包人、供货

分包人等。尽管委托分包人的招标工作由承包人完成，发包人也不是分包合同的当事人，但为了保证工程项目完满实现发包人预期的建设目标，通用条款中对工程分包做了如下的规定：

（1）承包人不得将其承包的全部工程转包给第三人，也不得将其承包的全部工程肢解后以分包的名义分别转包给第三人。

（2）分包工作需要征得发包人同意。除发包人已同意投标文件中说明的分包外，合同履行过程中承包人还需要分包的工作，仍应征得发包人同意。

（3）承包人不得将设计和施工的主体、关键性工作的施工分包给第三人。要求承包人是具有实施工程设计和施工能力的合格主体，而非皮包公司。

（4）分包人的资格能力应与其分包工作的标准和规模相适应，其资质能力的材料应经监理人审查。

（5）发包人同意分包的工作，承包人应向发包人和监理人提交分包合同副本。

三、监理人职责

监理人的职责与权力与标准施工合同基本相同。

监理人受发包人委托，享有合同约定的权力，其所发出的任何指示应视为已得到发包人的批准。

发包人应在发出开始工作通知前将总监理工程师的任命通知承包人。总监理工程师更换时，应提前 14 天通知承包人。总监理工程师超过 2 天不能履行职责的，应委派代表代行其职责，并通知承包人。总监理工程师可以授权其他监理人员负责执行其指派的一项或多项监理工作。总监理工程师应将被授权监理人员的姓名及其授权范围通知承包人。被授权的监理人员在授权范围内发出的指示视为已得到总监理工程师的同意，与总监理工程师发出的指示具有同等效力。

总监理工程师不应将约定应由总监理工程师作出确定的权力授权或委托给其他监理人员。监理人应按约定向承包人发出指示，监理人的指示应盖有监理人授权的项目管理机构章，并由总监理工程师或总监理工程师约定授权的监理人员签字。

承包人对总监理工程师授权的监理人员发出的指示有疑问时，可在该指示发出的 48 小时内向总监理工程师提出书面异议，总监理工程师应在 48 小时内对该指示予以确认、更改或撤销。

第三节　工程总承包合同订立

设计施工总承包合同的通用条款和专用条款尽管在招标投标阶段已作为招标文件的组成部分，但在合同订立过程中有些问题还需要明确或细化，以保证合同权利和义务的明晰。

一、设计施工总承包合同合同文件

（一）合同文件的组成

在标准总承包合同的通用条款中规定，履行合同过程中，构成对发包人和承包人有约束力合同的组成文件包括：

（1）合同协议书；

（2）中标通知书；

（3）投标函及投标函附录；

（4）专用条款；

（5）通用合同条款；

（6）发包人要求；

（7）承包人建议书；

（8）价格清单；

（9）其他合同文件——经合同当事人双方确认构成合同文件的其他文件。

合同的各文件中出现含义或内容的矛盾时，如果专用条款没有另行的约定，以上合同文件序号为优先解释的顺序。

（二）几个文件的含义

中标通知书、投标函及附录、其他合同文件的含义与标准施工合同的规定相同。

1. 发包人要求

发包人要求是承包人进行工程设计和施工的基础文件，应尽可能清晰准确。

设计施工总承包合同规定，发包人要求文件应说明 11 个方面的内容：

（1）功能要求。包括：工程的目的；工程规模；性能保证指标（性能保证表）和产能保证指标。

（2）工程范围：

1）承包工作：永久工程的设计、采购、施工范围；临时工程的设计与施工范围；竣工验收工作范围；技术服务工作范围；培训工作范围和保修工作范围。

2）工作界区说明。

3）发包人的配合工作：提供的现场条件（施工用电、用水和施工排水）；提供的技术文件（发包人的需求任务书和已完成的设计文件）。

（3）工艺安排或要求。

（4）时间要求。包括：开始工作时间；设计完成时间；进度计划；竣工时间；缺陷责任期和其他时间要求。

（5）技术要求：

1）设计阶段和设计任务；

2）设计标准和规范；

3）技术标准和要求；

4）质量标准；

5）设计、施工和设备监造、试验；

6）样品；

7）发包人提供的其他条件，如发包人或其委托的第三人提供的设计、工艺包、用于试验检验的工器具等，以及据此对承包人提出的予以配套的要求等。

（6）竣工试验：

1）第一阶段，如对单车试验等的要求，包括试验前准备；

2）第二阶段，如对联动试车、投料试车等的要求，包括人员、设备、材料、燃料、电力、消耗品、工具等必要条件；

3）第三阶段，如对性能测试及其他竣工试验的要求，包括产能指标、产品质量标准、运营指标、环保指标等。

（7）竣工验收。

（8）竣工后试验（如有）。

（9）文件要求。包括设计文件，及其相关审批、核准、备案要求；沟通计划；风险管理计划；竣工文件和工程的其他记录；操作和维修手册和其他承包人文件。

（10）工程项目管理规定。包括：质量、进度、支付、健康、安全与环境管理体系、沟通、变更等。

（11）其他要求。包括：对承包人的主要人员资格要求；相关审批、核准和备案手续的办理；对项目业主人员的操作培训；分包；设备供应商；缺陷责任期的服务要求等。

虽然中标方案发包人已接受，但发包人可能对其中的一些技术细节或实施计划提出进一步修改意见，因此在合同谈判阶段需要通过协商对其进行修改或补充，以便成为最终的发包人要求文件。

2．承包人建议书

承包人建议书是对"发包人要求"的响应文件，包括承包人的工程设计方案和设备方案的说明；分包方案；对发包人要求中的错误说明等内容。

合同谈判阶段，随着发包人要求的调整，承包人建议书也应对一些技术细节进一步予以明确或补充修改，作为合同文件的组成部分。

3．价格清单

设计施工总承包合同的价格清单，指承包人按投标文件中规定的格式和要求填写，并标明价格的报价单。与施工招标由发包人依据设计图纸的概算量提出工程量清单，经承包人填写单价后计算价格的方式不同。由于由承包人提出设计的初步方案和实施计划，因此价格清单是指承包人完成所提投标方案计算的设计、施工、竣工、试运行、缺陷责任期各阶段的计划费用，清单价格费用的总和为签约合同价。

4．知识产权

设计施工总承包合同承包人完成的设计工作成果和建造完成的建筑物，除署名权以外的著作权以及建筑物形象使用收益等其他知识产权均归发包人享有（专用合同条款另有约定除外）。

承包人在投标文件中采用专利技术的，专利技术的使用费包含在投标报价内。

承包人在进行设计，以及使用任何材料、承包人设备、工程设备或采用施工工艺时，因侵犯专利权或其他知识产权所引起的责任，由承包人自行承担。

二、订立合同时需要明确的内容

（一）承包人文件

通用条款对"承包人文件"的定义是：由承包人根据合同应提交的所有图纸、手册、模型、计算书、软件和其他文件。承包人文件中最主要的是设计文件，需在专用条款约定承包人向监理人陆续提供文件的内容、数量和时间。

专用条款内还需约定监理人对承包人提交文件应批准的合理期限。项目实施过程中，监理人未在约定的期限内提出否定的意见，视为已获批准，承包人可以继续进行后续工作。不论是监理人批准或视为已批准的承包人文件，按照设计施工总承包合同对承包人义务的规定，均不影响监理人在以后否定该项工作的权力。

（二）施工现场范围和施工临时占地

发包人负责永久工程的征地，需要在专用条款中明确工程用地的范围、移交施工现场的时间，以便承包人进行工程设计和设计完成后尽快开始施工。明确从外部接入现场的施工用水、用电、用气等，以及如果发包人同意承包人施工需要临时用地时，发包人应负责完成的工作内容。

通用条款对道路通行权和场外设施做出了两种可选用的约定形式，一种是发包人负责办理取得出入施工场地的专用和临时道路的通行权，以及取得为工程建设所需修建场外设施的权利，并承担有关费用。另一种是承包人负责办理并承担费用，因此需在专用条款内明确。

（三）发包人提供的文件

专用条款内应明确约定由发包人提供的文件的内容、数量和期限。发包人提供的文件，可能包括项目前期工作相关文件、环境保护、气象水文、地质条件资料等。工程实践中，勘察工作也可以包括在设计施工总承包范围内，则环境保护的具体要求和气象资料由承包人收集，地形、水文、地质资料由承包人探明。因此专用条款内需要明确约定发包人提供文件的范围和内容。

（四）"发包人要求"中出现错误或违法情况的责任承担

承包人应认真阅读、复核发包人要求，发现错误的，应及时书面通知发包人。发包人对错误的修改，按变更对待。

对于发包人要求中的错误导致承包人受到损失的后果责任，通用条款给出了两种供选择的条款。

1. 无条件补偿条款

承包人复核时未发现发包人要求的错误，实施过程中因该错误导致承包人增加了费用和（或）工期延误，发包人应承担由此增加的费用和（或）工期延误，并向承包人支付合理利润。

2. 有条件补偿条款

（1）复核时发现错误

承包人复核时对发现的错误通知发包人后，发包人坚持不做修改的，对确实存在错误造成的损失，应补偿承包人增加的费用和（或）顺延合同工期。

（2）复核时未发现错误

承包人复核时未发现发包人要求中存在错误的，承包人自行承担由此导致增加的费用和（或）工期延误。

无论承包人复核时发现与否，由于以下资料的错误，导致承包人增加费用和（或）延误的工期，均由发包人承担，并向承包人支付合理利润：

1）发包人要求中引用的原始数据和资料；

2）对工程或其任何部分的功能要求；

3）对工程的工艺安排或要求；

4）试验和检验标准；

5）除合同另有约定外，承包人无法核实的数据和资料。

由于两个条款的承担责任的条件不同，应明确本合同采用其中的一个条款。

承包人阅读、复核发包人要求，如果发现其要求违反法律规定，承包人应书面通知发包人，并要求其改正。发包人收到通知后不予改正或不作答复，承包人有权拒绝履行合同义务，直至解除合同。发包人应承担由此引起的承包人全部损失。

（五）材料和工程设备

发包人是否负责提供工程材料和设备，在通用条款中也给出两种不同供选择的条款：一种是由承包人包工包料承包，发包人不提供工程材料和设备；另一种是发包人负责提供主材料和工程设备的包工部分包料承包方式。对于后一种情况，应在专用条款内写明材料和工程设备的名称、规格、数量、价格、交货方式、交货地点等。

（六）发包人提供的施工设备和临时工程

发包人是否负责提供施工设备和临时工程，在通用条款中也给出两种不同的供选择条款：一种是发包人不提供施工设备或临时设施；另一种是发包人提供部分施工设备或临时设施。对于后一种情况通常出现在设计施工承包范围仅是单位工程，还有其他承包人在现场共同施工，可以由其他承包人按监理人的指示给设计施工合同的承包人使用，如道路和临时设施；水、电、气的供应等。因此在专用条款中应明确约定提供的内容，免费使用或是收费使用的取费标准。

（七）区段工程

区段工程在通用条款中定义的是能单独接收并使用的永久工程。如果发包人希望在整体工程竣工前提前发挥部分区段工程的效益，应在专用条款内约定分部移交区段的名称、区段工程应达到的要求等。

（八）暂列金额

通用条款中对承包人在投标阶段，按照发包人在价格清单中给出的计日工和暂估价的报价均属于暂列金额内支出项目。通用条款内分别列出两种可选用的条款，一种是计日工费和暂估价均已包括在合同价格内，实施过程中不再另行考虑；另一种是实际发生的费用另行补偿的方式。订立合同时应明确本合同采用哪个条款的规定。

（九）不可预见物质条件

不可预见物质条件涉及的范围与标准施工合同相同，但通用条款中对风险责任承担的规定有两个供选择的条款：一是此风险由承包人承担；二是由发包人承担。双方应当明确本合同选用哪一条款的规定。

对于后一种条款的规定是：承包人遇到不可预见物质条件时，应采取适应不利物质条件的合理措施继续设计和（或）施工，并及时通知监理人，通知应载明不利物质条件的内容以及承包人认为不可预见的理由。监理人收到通知后应当及时发出指示。指示构成变更的，按变更条款执行。监理人没有发出指示，承包人因采取合理措施而增加的费用和（或）工期延误，由发包人承担。

（十）竣工后试验

竣工后试验是指工程竣工移交后，在缺陷责任期内投入运行期间，对工程的各项功能的技术指标是否达到合同规定要求而进行的试验。由于发包人已接受工程并进入运行期，因此试验所必需的电力、设备、燃料、仪器、劳力、材料等由发包人提供。竣工后试验由谁来进行，通用条款给出两种可供选择的条款，订立合同时应予以明确采用哪个条款。

1. 发包人负责竣工后试验

发包人应派遣具有适当资质和经验的工作人员在承包人的技术指导下，按照操作和维修手册进行竣工后试验。

2. 承包人负责竣工后试验

承包人应提供竣工后试验所需要的所有其他设备、仪器，派遣有资格和经验的工作人员，在发包人在场的情况下进行竣工后试验。

三、履约担保

（一）履约担保的有效期

承包人应保证其履约担保在发包人颁发工程接收证书前一直有效。如果合同约定需要进行竣工后试验，承包人应保证其履约担保在竣工后试验通过前一直有效。

（二）履约担保延期的责任和费用承担

如果工程延期竣工，承包人有义务保证履约担保继续有效。由于发包人原因导致延期的，继续提供履约担保所需的费用由发包人承担；由于承包人原因导致延期的，继续提供履约担保所需费用由承包人承担。

四、保险责任

（一）承包人办理保险

1. 投保的险种

（1）设计和工程保险

承包人按照专用条款的约定向双方同意的保险人投保建设工程设计责任险、建筑工程一切险或安装工程一切险。具体的投保险种、保险范围、保险金额、保险费率、保险期限等有关内容应当在专用条款中明确约定。

（2）第三者责任保险

承包人按照专用条款约定投保第三者责任险的担保期限，应保证颁发缺陷责任期终止证书前一直有效。

（3）工伤保险

承包人应为其履行合同所雇佣的全部人员投保工伤保险和人身意外伤害保险，并要求分包人也投保此项保险。

（4）其他保险

承包人应为其施工设备、进场的材料和工程设备等办理保险。

2. 对各项保险的要求

（1）保险凭证

承包人应在专用条款约定的期限内向发包人提交各项保险生效的证据和保险单副本，保险单必须与专用条款约定的条件保持一致。

（2）保险合同条款的变动

承包人需要变动保险合同条款时，应事先征得发包人同意，并通知监理人。对于保险人做出的变动，承包人应在收到保险人通知后立即通知发包人和监理人。

3. 未按约定投保的补救

（1）如果承包人未按合同约定办理设计和工程保险、第三者责任保险，或未能使保险持续有效时，发包人可代为办理，所需费用由承包人承担。

（2）因承包人未按合同约定办理设计和工程保险、第三者责任保险，导致发包人受到保险范围内事件影响的损害而又不能得到保险人的赔偿时，原应从该项保险得到的保险赔偿金由承包人承担。

（二）发包人办理保险

发包人应为其现场机构雇佣的全部人员投保工伤保险和人身意外伤害保险，并要求监理人也进行此项保险。

第四节　工程总承包合同履行管理

一、承包人现场查勘

承包人应对施工场地和周围环境进行查勘，核实发包人提供资料，并收集与完成合同工作有关的当地资料，以便进行设计和组织施工。在全部合同履行中，视为承包人已充分估计了应承担的责任和风险。

发包人对提供的施工场地及毗邻区域内的供水、排水、供电、供气、供热、通信、广播电视等地下管线位置的资料；气象和水文观测资料；相邻建筑物和构筑物、地下工程的有关资料，以及其他与建设工程有关的原始资料，承担原始资料错误造成的全部责任。承包人应对其阅读这些有关资料后，所做出的解释和推断负责。

二、承包人提交实施项目的计划

承包人应按合同约定的内容和期限，编制详细的进度计划，包括设计、承包人提交文件、采购、制造、检验、运达现场、施工、安装、试验的各个阶段的预期时间以及设计和施工组织方案说明等报送监理人。监理人应在专用条款约定的期限内批复或提出修改意见，批准的计划作为"合同进度计划"。监理人未在约定的时限内批准或提出修改意见，该进度计划视为已得到批准。

三、开始工作

符合专用条款约定的开始工作条件时，监理人获得发包人同意后应提前 7 天向承包人发出开始工作通知。合同工期自开始工作通知中载明的开始工作日期起计算。设计施工总承包合同未用开工通知是由于承包人收到开始工作通知后首先开始设计工作。

因发包人原因造成监理人未能在合同签订之日起 90 天内发出开始工作通知，承包人有权提出价格调整要求，或者解除合同。发包人应当承担由此增加的费用和（或）工期延误，并向承包人支付合理利润。

四、设计工作的合同管理

（一）承包人的设计义务

1. 设计满足标准规范的要求

承包人应按照法律规定，以及国家、行业和地方规范和标准完成设计工作，并符合发包人要求。

承包人完成设计工作所应遵守的法律规定，以及国家、行业和地方规范和标准，均应采用基准日适用的版本。基准日之后，规范或标准的版本发生重大变化，或者有新的法律，以及国家、行业和地方规范和标准实施时，承包人应向发包人或监理人提出遵守新规定的建议。发包人或监理人应在收到建议后 7 天内发出是否遵守新规定的指示。发包人或监理人指示遵守新规定后，按照变更对待，采用商定或确定的方式调整合同价格。

2. 设计应符合合同要求

承包人的设计应遵守发包人要求和承包人建议书的约定，保证设计质量。如果发包人要求中的质量标准高于现行规范规定的标准，应以合同约定为准。

3. 设计进度管理

承包人应按照发包人要求，在合同进度计划中专门列出设计进度计划，报发包人批准后执行。设计的实际进度滞后计划进度时，发包人或监理人有权要求承包人提交修正的进度计划、增加投入资源并加快设计进度。

设计过程中因发包人原因影响了设计进度，如改变发包人要求文件中的内容或提供的原始基础资料有错误，应按变更对待。

（二）设计审查

1. 发包人审查

承包人的设计文件提交监理人后，发包人应组织设计审查，按照发包人要求文件中约定的范围和内容审查是否满足合同要求。为了不影响后续工作，自监理人收到承包人的设计文件之日起，对承包人的设计文件审查期限不超过 21 天。承包人的设计与合同约定有偏离时，应在提交设计文件的通知中予以说明。

如果承包人需要修改已提交的设计文件，应立即通知监理人。向监理人提交修改后的设计文件后，审查期重新起算。

发包人审查后认为设计文件不符合合同约定，监理人应以书面形式通知承包人，说明不符合要求的具体内容。承包人应根据监理人的书面说明，对承包人文件进行修改后重新报送发包人审查，审查期限重新起算。

合同约定的审查期限届满，发包人没有做出审查结论也没有提出异议，视为承包人的设计文件已获发包人同意。对于设计文件不需要政府有关部门审查或批准的工程，承包人应当严格按照经发包人审查同意的设计文件进行后续的设计和实施工程。

2. 有关部门的设计审查

设计文件需政府有关部门审查或批准的工程，发包人应在审查同意承包人的设计文件后 7 天内，向政府有关部门报送设计文件，承包人予以协助。

政府有关部门提出的审查意见，不需要修改"发包人要求"文件，只需完善设计，承包人按审查意见修改设计文件；如果审查提出的意见需要修改发包人要求文件，如某些要求与法律法规相抵触，发包人应重新提出"发包人要求"文件，承包人根据新提出的发包人要求修改设计文件。后一种情况增加的工作量和拖延的时间按变更对待。提交审查的设计文件经政府有关部门审查批准后，承包人进行后续的设计和实施工程。

五、工程进度管理

（一）修订进度计划

不论何种原因造成工程的实际进度与合同进度计划不符时，承包人可以在专用条款约定的期限内向监理人提交修订合同进度计划的申请报告，并附有关措施和相关资料，报监理人批准。

监理人也可以直接向承包人发出修订合同进度计划的指示，承包人应按该指示修订合同进度计划，报监理人批准。监理人审查并获得发包人同意后，应在专用条款约定的期限

内批复。

（二）顺延合同工期的情况

通用条款规定，在履行合同过程中非承包人原因导致合同进度计划工作延误，应给承包人延长工期和（或）增加费用，并支付合理利润。

1. 发包人责任原因

（1）变更；

（2）未能按照合同要求的期限对承包人文件进行审查；

（3）因发包人原因导致的暂停施工；

（4）未按合同约定及时支付预付款、进度款；

（5）发包人提供的基准资料错误；

（6）发包人采购的材料、工程设备延误到货或变更交货地点；

（7）发包人未及时按照"发包人要求"履行相关义务；

（8）发包人造成工期延误的其他原因。

2. 政府管理部门的原因

按照法律法规的规定，合同约定范围内的工作需国家有关部门审批时，发包人、承包人应按照合同约定的职责分工完成行政审批的报送。因国家有关部门审批迟延造成费用增加和（或）工期延误，由发包人承担。

设计施工总承包合同中有关进度管理的暂停施工、发包人要求提前竣工的条款，与标准施工合同的规定相同。施工阶段的质量管理也与标准施工合同的规定相同。

六、合同价款与工程款支付管理

（一）合同价格

设计施工总承包合同通用条款规定，除非专用条款约定合同工程采用固定总价承包的情况外，应以实际完成的工作量作为支付的依据。

1. 合同价格的组成

（1）合同价格包括签约合同价以及按照合同约定进行的调整；

（2）合同价格包括承包人依据法律规定或合同约定应支付的规费和税金；

（3）价格清单列出的任何数量仅为估算的工作量，不视为要求承包人实施工程的实际或准确工作量。在价格清单中列出的任何工作量和价格数据应仅用于变更和支付的参考资料，而不能用于其他目的。

2. 施工阶段工程款的支付

合同约定工程的某部分按照实际完成的工程量进行支付时，应按照专用条款的约定进行计量和估价，并据此调整合同价格。

（二）预付款

设计施工总承包合同对预付款的规定与标准施工合同相同。

（三）工程进度付款

1. 支付分解表

（1）承包人编制进度付款支付分解表

承包人应当在收到经监理人批复的合同进度计划后 7 天内，将支付分解报告以及形成支付分解报告的支持性资料报监理人审批。承包人应根据价格清单的价格构成、费用性质、计划发生时间和相应工作量等因素，对拟支付的款项进行分解并编制支付分解表。分类和分解原则是：

1）勘察设计费。按照提交勘察设计阶段性成果文件的时间、对应的工作量进行分解。

2）材料和工程设备费。分别按订立采购合同、进场验收合格、安装就位、工程竣工等阶段和专用条款约定的比例进行分解。

3）技术服务培训费。按照价格清单中的单价，结合合同进度计划对应的工作量进行分解。

4）其他工程价款。按照价格清单中的价格，结合合同进度计划拟完成的工程量或者比例进行分解。

以上的分解计算并汇总后，形成月度支付的分解报告。

（2）监理人审批

监理人应当在收到承包人报送的支付分解报告后7天内给予批复或提出修改意见，经监理人批准的支付分解报告为有合同约束力的支付分解表。合同履行过程中，合同进度计划进行修订后，承包人也应对支付分解表做出相应的调整，并报监理人批复。

2. 付款时间

除专用条款另有约定外，工程进度付款按月支付。

3. 承包人提交进度付款申请单

设计施工总承包合同通用条款规定，承包人进度付款申请单应包括下列内容：

（1）当期应支付进度款的金额总额，以及截至当期期末累计应支付金额总额和已支付的进度付款金额总额；

（2）当期根据支付分解表应支付金额，以及截至当期期末累计应支付金额；

（3）当期根据专用条款约定，计量的已实施工程应支付金额，以及截至当期期末累计应支付金额；

（4）当期变更应增加和扣减的金额，以及截至当期期末累计变更金额；

（5）当期索赔应增加和扣减的金额，以及截至当期期末累计索赔金额；

（6）当期应支付的预付款和扣减的返还预付款金额，以及截至当期期末累计返还预付款金额；

（7）当期应扣减的质量保证金金额，以及截至当期期末累计扣减的质量保证金金额；

（8）当期应增加和扣减的其他金额，以及截至当期期末累计增加和扣减的金额。

4. 监理人审查

监理人在收到承包人进度付款申请单以及相应的支持性证明文件后的14天内完成审核，提出发包人到期应支付给承包人的金额以及相应的支持性材料，经发包人审批同意后，由监理人向承包人出具经发包人签认的进度付款证书。

监理人有权核减承包人未能按照合同要求履行任何工作或义务的相应金额。

5. 发包人支付

发包人最迟应在监理人收到进度付款申请单后的28天内，将进度应付款支付给承包人。发包人未能在约定时间内完成审批或不予答复，视为发包人同意进度付款申请。发包人不按期支付，按专用条款的约定支付逾期付款违约金。

6. 工程进度付款的修正

在对以往历次已签发的进度付款证书进行汇总和复核中发现错、漏或重复情况时，监理人有权予以修正，承包人也有权提出修正申请。经监理人、承包人复核同意的修正，应在本次进度付款中支付或扣除。

（四）质量保证金

设计施工总承包合同通用条款对质量保证金的约定与标准施工合同的规定相同。

七、合同变更的管理

（一）合同变更权

在履行合同过程中，经发包人同意，监理人可按约定的变更程序向承包人作出有关发包人要求改变的变更指示，承包人应遵照执行。合同变更应在合同相应内容实施前提出，否则发包人应承担由此给承包人造成的损失。若没有监理人的变更指示，承包人不得擅自变更合同内容。

监理人的变更指示应说明合同变更的目的、范围、变更内容以及变更的工程量及其进度和技术要求，并附有关图纸和文件。承包人收到变更指示后，应按变更指示进行变更工作。

（二）合同变更的程序

合同履行过程中的变更，可能涉及发包人要求变更、监理人发给承包人文件中的内容构成变更和发包人接受承包人提出的合理化建议三种情况。

1. 监理人指示的变更

（1）发出变更意向书

合同履行过程中，经发包人同意监理人可向承包人做出有关"发包人要求"改变的变更意向书，说明变更的具体内容和发包人对变更的时间要求，并附必要的相关资料，以及要求承包人提交实施方案。变更应在相应内容实施前提出，否则发包人应承担承包人损失。

（2）承包人同意变更

承包人按照变更意向书的要求，提交包括拟实施变更工作的设计、计划、措施和竣工时间等内容的实施方案。发包人同意承包人的变更实施方案后，由监理人发出变更指示。

（3）承包人不同意变更

承包人收到监理人的变更意向书后认为难以实施此项变更时，应立即通知监理人，说明原因并附详细依据。监理人与承包人和发包人协商后，确定撤销、改变或不改变原变更意向书。

2. 监理人发出文件的内容构成变更

承包人收到监理人按合同约定发给的文件，认为其中存在对"发包人要求"构成变更情形时，可向监理人提出书面变更建议。建议应阐明要求变更的依据，以及实施该变更工作对合同价款和工期的影响，并附必要的图纸和说明。

监理人收到承包人书面建议与发包人共同研究后，确认存在变更时，应在收到承包人书面建议后的14天内做出变更指示；不同意作为变更的，应书面答复承包人。

3. 承包人提出的合理化建议

履行合同过程中，承包人可以书面形式向监理人提交改变"发包人要求"文件中有关内容的合理化建议书。合理化建议书的内容应包括建议工作的详细说明、进度计划和效益以及与其他工作的协调等，并附必要的设计文件。

监理人应与发包人协商是否采纳承包人的建议。建议被采纳并构成变更，由监理人向承包人发出变更指示。

如果接受承包人提出的合理化建议，降低了合同价格、缩短了工期或者提高了工程的经济效益，发包人可依据专用条款中约定给予奖励。

（三）监理人应按照合同商定或确定变更价格，变更价格应包括合理的利润，并应考虑承包人提出的合理化建议。

八、合同的索赔管理

（一）发包人的索赔程序

发包人应在知道或应当知道索赔事件发生后 28 天内，向承包人发出索赔通知，并说明发包人有权扣减的付款和（或）延长缺陷责任期的细节和依据。发包人未在前述 28 天内发出索赔通知的，丧失要求扣减付款和（或）延长缺陷责任期的权利。发包人提出索赔的期限和要求与承包人提出索赔的期限和要求相同，若要求延长缺陷责任期的通知应在缺陷责任期届满前发出。

发包人按合同的商定或确定发包人从承包人处得到赔付的金额和（或）缺陷责任期的延长期。承包人应付给发包人的金额可从拟支付给承包人的合同价款中扣除，或由承包人以其他方式支付给发包人。

（二）承包人的索赔程序

1. 根据合同约定承包人认为有权得到追加付款和（或）延长工期的，应按以下程序向发包人提出索赔：

承包人应在知道或应当知道索赔事件发生后 28 天内，向监理人递交索赔意向通知书，并说明发生索赔事件的事由。承包人未在前述 28 天内发出索赔意向通知书的，工期不予顺延，且承包人无权获得追加付款；

承包人应在发出索赔意向通知书后 28 天内，向监理人正式递交索赔通知书。索赔通知书应详细说明索赔理由以及要求追加的付款金额和（或）延长的工期，并附必要的记录和证明材料；

索赔事件具有连续影响的，承包人应按合理时间间隔继续递交延续索赔通知，说明连续影响的实际情况和记录，列出累计的追加付款金额和（或）工期延长天数；

在索赔事件影响结束后的 28 天内，承包人应向监理人递交最终索赔通知书，说明最终要求索赔的追加付款金额和延长的工期，并附必要的记录和证明材料。

承包人按竣工结算条款的约定接受了竣工付款证书后，应被认为已无权再提出在合同工程接收证书颁发前所发生的任何索赔。

承包人按最终结清条款的约定提交的最终结清申请单中，只限于提出工程接收证书颁发后发生的索赔。提出索赔的期限自接受最终结清证书时终止。

2. 监理人对承包人索赔处理

监理人收到承包人提交的索赔通知书后，应及时审查索赔通知书的内容、查验承包人的记录和证明材料，必要时监理人可要求承包人提交全部原始记录副本。

监理人应按合同的商定或确定追加的付款和（或）延长的工期，并在收到上述索赔通知书或有关索赔的进一步证明材料后的 42 天内，将索赔处理结果答复承包人。监理人应当在收到索赔通知书或有关索赔的进一步证明材料后的 42 天内不予答复的，视为认可索赔。

承包人接受索赔处理结果的，发包人应在作出索赔处理结果答复后 28 天内完成赔付。承包人不接受索赔处理结果的，按合同争议约定执行。

（三）设计施工总承包合同通用条款中，可以给承包人补偿的条款（表 7-1）

涉及承包人索赔的条款　　　　　　　　　　表 7-1

序号	条款号	原因	补偿内容		
			工期	费用	利润
1	1.6.2	未能按时提供文件	√	√	√
2	1.10.1	化石、文物	√	√	
3	1.13	发包人要求中的错误	√	√	√
4	1.14	发包人要求违法	√	√	√
5	3.4.5	监理人的指示延误、错误	√	√	√
6	3.5.2	争议评审组对监理人确定的修改	√	√	
7	4.1.8	为他人提供方便		√	
8	4.11.2	不可预见物质条件	√	√	
9	5.2	发包人原因影响设计进度	√	√	√
10	6.2.4	发包人要求提前交货		√	
11	6.2.6	发包人提供的材料、设备延误	√	√	√
12	6.5.3	发包人提供的材料、设备不符合要求	√	√	
13	9.3	基准资料错误	√	√	√
14	11.1	发包人原因未能按时发出开始工作通知	√	√	√
15	11.3	发包人原因的工期延误	√	√	√
16	11.4	异常恶劣的气候条件	√		
17	11.7	行政审批延误	√	√	
18	12.1.1	发包人原因指示的暂停工作	√	√	√
19	12.2.1	发包人原因承包人的暂停工作	√	√	√
20	12.4.2	发包人原因承包人无法复工	√	√	√
21	13.1.3	发包人原因造成质量不合格	√	√	√
22	13.4.3	隐蔽工程的重新检查证明质量合格	√	√	√
23	14.1.4	重新试验表明材料、设备、工程质量合格	√	√	√
24	16.2	法律变化引起的调整商定或确定处理	商定或确定处理		
25	18.5.2	发包人提前接收区段对承包人施工的影响	√	√	√
26	19.2.3	缺陷责任期内非承包人原因缺陷的修复	√	√	√
27	21.3.1	不可抗力的工程照管、清理、修复	√	√	√
28	22.2.3	发包人违约解除合同		√	√

九、违约责任

（一）承包人违约

1. 承包人违约的情形

（1）承包人的设计、承包人文件、实施和竣工的工程不符合法律以及合同约定；

（2）承包人违反禁止转包的合同约定，私自将合同的全部或部分权利转让给其他人，或私自将合同的全部或部分义务转移给其他人；

（3）承包人违反对设施和材料的管理约定，未经监理人批准，私自将已按合同约定进入施工场地的施工设备、临时设施或材料撤离施工场地；

（4）承包人违反合同约定使用了不合格材料或工程设备，工程质量达不到标准要求，又拒绝清除不合格工程；

（5）承包人未能按合同进度计划及时完成合同约定的工作，造成工期延误；

（6）由于承包人原因未能通过竣工试验或竣工后试验的；

（7）承包人在缺陷责任期内，未能对工程接收证书所列的缺陷清单的内容或缺陷责任期内发生的缺陷进行修复，而又拒绝按监理人指示再进行修补；

（8）承包人无法继续履行或明确表示不履行或实质上已停止履行合同；

（9）承包人不按合同约定履行义务的其他情况。

2. 对承包人违约的处理

（1）承包人发生由于承包人原因未能通过竣工试验或竣工后试验的违约情况时，按照发包人要求中的未能通过竣工/竣工后试验的损害进行赔偿。发生延期的，承包人应承担延期责任。

（2）承包人发生由于承包人无法继续履行或明确表示不履行或实质上已停止履行合同的违约情况时，发包人可通知承包人立即解除合同，并按下面第3～5项的约定处理。

（3）承包人发生除上述（1）、（2）以外的其他违约情况时，监理人可向承包人发出整改通知，要求其在指定的期限内纠正。除合同条款另有约定外，承包人应承担其违约所引起的费用增加和（或）工期延误。

3. 因承包人违约解除合同

监理人发出整改通知28天后，承包人仍不纠正违约行为的，发包人有权解除合同并向承包人发出解除合同通知。承包人收到发包人解除合同通知后14天内，承包人应撤离现场，发包人派员进驻施工场地完成现场交接手续，发包人有权另行组织人员或委托其他承包人。发包人因继续完成该工程的需要，有权扣留使用承包人在现场的材料、设备和临时设施。但发包人的这一行动不免除承包人应承担的违约责任，也不影响发包人根据合同约定享有的索赔权利。

4. 发包人发出合同解除通知后的估价、付款和结清

（1）承包人收到发包人解除合同通知后28天内，监理人按约定确定承包人实际完成工作的价值，包括发包人扣留承包人的材料、设备及临时设施和承包人已提供的设计、材料、施工设备、工程设备、临时工程等的价值。

（2）发包人发出解除合同通知后，发包人有权暂停对承包人的一切付款，查清各项付款和已扣款金额，包括承包人应支付的违约金。

（3）发包人发出解除合同通知后，发包人有权按约定向承包人索赔由于解除合同给发

包人造成的损失。

（4）合同双方确认合同价款后，发包人颁发最终结清付款证书，并结清全部合同款项。

（5）发包人和承包人未能就解除合同后的结清达成一致而形成争议的，按合同约定执行。

5. 协议利益的转让

因承包人违约解除合同的，发包人有权要求承包人将其为实施合同而签订的材料和设备的订货协议或任何服务协议利益转让给发包人，并在承包人收到解除合同通知后的 14 天内，依法办理转让手续。发包人有权使用承包人文件和由承包人或以其名义编制的其他设计文件。

6. 紧急情况下无能力或不愿进行抢救

在工程实施期间或缺陷责任期内发生危及工程安全的事件，监理人通知承包人进行抢救，承包人声明无能力或不愿立即执行的，发包人有权雇佣其他人员进行抢救。此类抢救按合同约定属于承包人义务的，由此发生的金额和（或）工期延误由承包人承担。

（二）发包人违约

1. 在履行合同过程中发包人违约的情形：

（1）发包人未能按合同约定支付价款，或拖延、拒绝批准付款申请和支付凭证，导致付款延误；

（2）发包人原因造成停工；

（3）监理人无正当理由没有在约定期限内发出复工指示，导致承包人无法复工；

（4）发包人无法继续履行或明确表示不履行或实质上已停止履行合同；

（5）发包人不履行合同约定其他义务。

2. 因发包人违约解除合同的情形：

（1）发生发包人无法继续履行或明确表示不履行或实质上已停止履行合同的违约情况时，承包人可书面通知发包人解除合同。

（2）承包人按暂停工作的约定暂停施工 28 天后，发包人仍不纠正违约行为的，承包人可向发包人发出解除合同通知。

承包人解除合同的行为不免除发包人承担的违约责任，也不影响承包人根据合同约定享有的索赔权利。

3. 发包人违约解除合同后应支付的主要款项：

发包人应在解除合同后 28 天内向承包人支付下列款项，承包人应在此期限内及时向发包人提交要求支付下列金额的有关资料和凭证：

（1）承包人发出解除合同通知前所完成工作的价款。

（2）承包人为该工程施工订购并已付款的材料、工程设备和其他物品的金额。发包人付款后，该材料、工程设备和其他物品归发包人所有。

（3）承包人为完成工程所发生的，而发包人未支付的金额。

（4）承包人撤离施工场地以及遣散承包人人员的金额。

（5）因解除合同造成的承包人损失。

（6）按合同约定在承包人发出解除合同通知前应支付给承包人的其他金额。

发包人应按本项约定支付上述金额并退还质量保证金和履约担保，但有权要求承包人支付应偿还给发包人的各项金额。

十、竣工验收的合同管理

（一）竣工试验

1. 承包人申请竣工试验

承包人应提前 21 天将申请竣工试验的通知送达监理人，并按照专用条款约定的份数，向监理人提交竣工记录、暂行操作和维修手册。监理人应在 14 天内，确定竣工试验的具体时间。

（1）竣工记录。反映工程实施结果的竣工记录，应如实记载竣工工程的确切位置、尺寸和已实施工作的详细说明。

（2）暂行操作和维修手册。该手册应足够详细，以便发包人能够对生产设备进行操作、维修、拆卸、重新安装、调整及修理。待竣工试验完成后，承包人再完善、补充相关内容，完成正式的操作和维修手册。

2. 竣工试验程序

通用条款规定的竣工试验程序按三阶段进行：

第一阶段，承包人进行适当的检查和功能性试验，保证每一项工程设备都满足合同要求，并能安全地进入下一阶段试验；

第二阶段，承包人进行试验，保证工程或区段工程满足合同要求，在所有可利用的操作条件下安全运行；

第三阶段，当工程能安全运行时，承包人应通知监理人，可以进行其他竣工试验，包括各种性能测试，以证明工程符合发包人要求中列明的性能保证指标。

某项竣工试验未能通过时，承包人应按照监理人的指示限期改正，并承担合同约定的相应责任。竣工试验通过后，承包人应按合同约定进行工程及工程设备试运行。试运行所需人员、设备、材料、燃料、电力、消耗品、工具等必要的条件以及试运行费用等按专用条款约定执行。

（二）承包人申请竣工验收

1. 工程竣工应满足的条件

（1）除监理人同意列入缺陷责任期内完成的尾工（甩项）工程和缺陷修补工作外，合同范围内的全部区段工程以及有关工作，包括合同要求的试验和竣工试验均已完成，并符合合同要求；

（2）已按合同约定的内容和份数备齐了符合要求的竣工文件；

（3）已按监理人的要求编制了在缺陷责任期内完成的尾工（甩项）工程和缺陷修补工作清单以及相应施工计划；

（4）监理人要求在竣工验收前应完成的其他工作；

（5）监理人要求提交的竣工验收资料清单。

2. 竣工验收申请报告

承包人完成上述工作并提交了竣工文件、竣工图、最终操作和维修手册后，即可向监理人报送竣工验收申请报告。

（三）监理人审查竣工申请

设计施工总承包合同通用条款对监理人审查竣工验收申请报告的规定与标准施工合同相同。

（四）竣工验收

设计施工总承包合同通用条款对竣工验收和区段工程验收的规定与标准施工合同相同。经验收合格工程，监理人经发包人同意后向承包人签发工程接收证书。证书中注明的实际竣工日期，以提交竣工验收申请报告的日期为准。

（五）竣工结算

设计施工总承包合同通用条款对竣工结算的规定与标准施工合同相同。

十一、缺陷责任期管理

（一）承包人修复工程缺陷

1. 承包人修复工程缺陷的义务

缺陷责任期内，发包人对已接收使用的工程负责日常维护工作。发包人在使用过程中，发现已接收的工程存在新的缺陷或已修复的缺陷部位或部件又遭损坏，由承包人负责修复，直至检验合格为止。

任何一项缺陷或损坏修复后，经检查证明其影响了工程或工程设备的使用性能，承包人应重新进行合同约定的试验和试运行，全部费用由责任方承担。

承包人不能在合理时间内修复的缺陷，发包人可自行修复或委托其他人修复，所需费用和利润按缺陷原因的责任方承担。

缺陷责任期内承包人为缺陷修复工作，有权进入工程现场，但应遵守发包人的保安和保密的规定。

2. 工程缺陷的责任

监理人和承包人应共同查清工程缺陷或损坏的原因，属于承包人原因造成的，应由承包人承担修复和查验的费用；属于发包人原因造成的，发包人应承担修复和查验的费用，并支付承包人合理利润。

3. 缺陷责任期的延长

由于承包人原因造成某项缺陷或损坏使某项工程或工程设备不能按原定目标使用而需要再次检查、检验和修复时，发包人有权要求承包人相应延长缺陷责任期，但缺陷责任期最长不超过 2 年。

（二）竣工后试验

对于大型工程为了检验承包人的设计、设备选型和运行情况等的技术指标是否满足合同的约定，通常在缺陷责任期内工程稳定运行一段时间后，在专用条款约定的时间内进行竣工后试验。竣工后试验按专用条款的约定由发包人或承包人进行。

1. 发包人进行竣工试验

由于工程已由投入正式运行，发包人应将竣工后试验的日期提前 21 天通知承包人。如果承包人未能在该日期出席竣工后试验，发包人可自行进行试验，承包人应对检验数据予以认可。

因承包人原因造成某项竣工后试验未能通过，承包人应按照合同约定进行赔偿，或者承包人提出修复建议，在发包人指示的合理期限内改正，并承担合同约定的相应责任。

2. 承包人进行竣工试验

发包人应提前 21 天将竣工后试验的日期通知承包人。承包人应在发包人在场的情况下，进行竣工后试验。因承包人原因造成某项竣工后试验未能通过，承包人应按照合同的约定进行赔偿，或者承包人提出修复建议，在发包人指示的合理期限内改正，并承担合同约定的相应责任。

（三）缺陷责任期终止

承包人完满完成缺陷责任期的义务后，其缺陷责任终止证书的签发、结清单和最终结清的管理规定，与标准施工合同通用条款相同。

十二、合同争议的解决

（一）争议的解决方式

发包人和承包人在履行合同中发生争议的，可以友好协商解决或者提请争议评审组评审。合同当事人友好协商解决不成、不愿提请争议评审或者不接受争议评审组意见的，可在专用合同条款中约定下列一种方式解决：

（1）向约定的仲裁委员会申请仲裁；

（2）向有管辖权的人民法院提起诉讼。

（二）友好解决

在提请争议评审、仲裁或者诉讼前，以及在争议评审、仲裁或诉讼过程中，发包人和承包人均可共同努力友好协商解决争议。

（三）合同的争议评审

（1）采用争议评审的，发包人和承包人应在开工日后的 28 天内或在争议发生后，协商成立争议评审组。争议评审组由有合同管理和工程实践经验的专家组成。

（2）合同双方的争议，应首先由申请人向争议评审组提交一份详细的评审申请报告，并附必要的文件、图纸和证明材料，申请人还应将上述报告的副本同时提交给被申请人和监理人。

被申请人在收到申请人评审申请报告副本后的 28 天内，向争议评审组提交一份答辩报告，并附证明材料。被申请人应将答辩报告的副本同时提交给申请人和监理人。

争议评审组在收到合同双方报告后的 14 天内，邀请双方代表和有关人员举行调查会，向双方调查争议细节；必要时争议评审组可要求双方进一步提供补充材料。

在调查会结束后的 14 天内，争议评审组应在不受任何干扰的情况下进行独立、公正的评审，作出书面评审意见，并说明理由。在争议评审期间，争议双方暂按总监理工程师的确定执行。

（3）发包人和承包人接受评审意见的，由监理人根据评审意见拟定执行协议，经争议双方签字后作为合同的补充文件，并遵照执行。

（4）发包人或承包人不接受评审意见，并要求提交仲裁或提起诉讼的，应在收到评审意见后的 14 天内将仲裁或起诉意向书面通知另一方，并抄送监理人，但在仲裁或诉讼结束前应暂按总监理工程师的确定执行。

思 考 题

1. 设计施工总承包合同的组成包括哪些文件？

2. 订立设计施工总承包合同时应明确哪些内容?

3. 监理人发出的开始工作通知有何作用?

4. 通用条款中对工程进度款支付做了哪些规定?

5. 竣工验收包括哪些工作?

6. 通用条款中对竣工后试验做了哪些规定?

第八章　建设工程材料设备采购合同管理

第一节　材料设备采购合同特点及分类

一、材料设备采购合同的概念

建设工程材料设备采购合同，是出卖人转移建设工程材料设备的所有权于买受人，买受人支付价款的合同。2017 年 9 月 4 日，为进一步完善标准文件编制规则，构建覆盖主要采购对象、多种合同类型、不同项目规模的标准文件体系，提高招标文件编制质量，促进招标投标活动的公开、公平和公正，营造良好市场竞争环境，国家发展改革委会同工业和信息化部、住房和城乡建设部、交通运输部、水利部、商务部、国家新闻出版广电总局、国家铁路局、中国民用航空局，发布了《标准材料采购招标文件》和《标准设备采购招标文件》，其中，包含有合同条款即格式。本章以《合同法》《标准材料采购招标文件》和《标准设备采购招标文件》为依据，介绍建设工程材料、设备采购合同的内容，并将该合同文本分别简称为九部委材料采购合同文本、九部委设备采购合同文本。

建设工程材料设备采购合同属于买卖合同，具有买卖合同的一般特点。

（1）出卖人与买受人订立买卖合同，是以转移财产所有权为目的。

（2）买卖合同的买受人取得财产所有权，必须支付相应的价款；出卖人转移财产所有权，必须以买受人支付价款为对价。

（3）买卖合同是双务、有偿合同。所谓双务有偿是指合同双方互负一定义务，出卖人应当保质、保量、按期交付合同订购的物资、设备，买受人应当按合同约定的条件接收货物并及时支付货款。

（4）买卖合同是诺成合同。除了法律有特殊规定的情况外，当事人之间意思表示一致，买卖合同即可成立，并不以实物的交付为合同成立的条件。

二、材料设备采购合同的特点

建设工程材料设备采购合同与建设项目的建设密切相关，其特点主要表现为：

1. 建设工程材料设备采购合同的当事人

建设工程材料设备采购合同的买受人即采购人，可以是发包人，也可能是承包人，依据合同的承包方式来确定。永久工程的大型设备一般情况下由发包人采购。施工中使用的建筑材料采购责任，按照施工合同专用条款的约定执行。通常分为发包人负责采购供应；承包人负责采购，包工包料承包；大宗建筑材料由发包人采购供应，当地材料和数量较少的材料由承包人负责三类方式。

采购合同的出卖人即供货人，可以是生产厂家，也可以是从事物资流转业务的供应商。

2. 材料设备采购合同的标的

建设工程材料设备采购合同的标的品种繁多，供货条件差异较大。

3. 材料设备采购合同的内容

建设工程材料设备采购合同视标的的特点，合同涉及的条款繁简程度差异较大。建筑材料采购合同的条款一般限于物资交货阶段，主要涉及交接程序、检验方式、质量要求和合同价款的支付等。大型设备的采购，除了交货阶段的工作外，往往还需包括设备生产制造阶段、设备安装调试阶段、设备试运行阶段、设备性能达标检验和保修等方面的条款约定。

4. 材料设备供应的时间

建设工程材料设备采购合同的履行与施工进度密切相关。出卖人必须严格按照合同约定的时间交付订购的货物。延误交货将导致工程施工的停工待料，不能使建设项目及时发挥效益。提前交货通常买受人也不同意接受，一方面货物将占用施工现场有限的场地影响施工，另一方面增加了买受人的仓储保管费用。如出卖人提前将 500t 水泥提前发运到施工现场，而买受人仓库已满只好露天存放，为了防潮则需要投入很多物资进行维护保管。

三、材料设备采购合同的分类

按照不同的标准，建设工程材料设备采购合同可以有不同的分类。

（一）按照标的不同的分类

按照标的不同，建设工程材料设备采购合同可以分为材料采购合同和设备采购合同。材料采购合同采购的是建筑材料，是指用于建筑和土木工程领域的各种材料的总称，如：钢、木材、玻璃、水泥、涂料等，也包括用于建筑设备的材料，如：电线、水管等。设备采购合同采购的设备，既可能是安装于工程中的设备，如：安装在电力工程中的发电机、发动机等，也包括在施工过程中使用的设备，如：塔式起重机等。

（二）按照履行时间不同的分类

按照履行时间的不同，建设工程材料设备采购合同可以分为即时买卖合同和非即时买卖合同。即时买卖合同是指当事人双方在买卖合同成立的同时，就履行了全部义务，即移转了材料设备的所有权、价款的占有。即时买卖合同以外的合同就是非即时买卖合同。由于建设工程材料设备采购合同的标的数量较大，一般都采用非即时买卖合同。非即时买卖合同的表现有很多种。在建设工程材料设备采购合同比较常见的是货样买卖、试用买卖、分期交付买卖和分期付款买卖等。

货样买卖，是指当事人双方按照货样或样本所显示的质量进行交易。凭样品买卖的当事人应当封存样品，并可以对样品质量予以说明。出卖人交付的标的物应当与样品及其说明的质量相同。凭样品买卖的买受人不知道样品有隐蔽瑕疵的，即使交付的标的物与样品相同，出卖人交付的标的物质量仍然应当符合同种物的通常标准。

试用买卖，是指出卖人允许买受人试验其标的物、买受人认可后再支付价款的交易。试用买卖的当事人可以约定标的物的试用期间，试用买卖的买受人在试用期内可以购买标的物，也可以拒绝购买。试用期间届满，买受人对是否购买标的物未作表示的，视为购买。

分期交付买卖，是指购买的标的物要分批交付。由于工程建设的工期较长，这种交付方式很常见。出卖人分批交付标的物的，出卖人对其中一批标的物不交付或者交付不符合约定，致使该批标的物不能实现合同目的的，买受人可以就该批标的物解除。出卖人不交付其中一批标的物或者交付不符合约定，致使今后其他各批标的物的交付不能实现合同目的，买受人可以就该批以及今后其他各批标的物解除。买受人如果就其中一批标的物解除，该批标的物与其他各批标的物相互依存的，可以就已经交付和未交付的各批标的物解除。

分期付款买卖，是指买受人分期支付价款。在工程建设中，这种付款方式也很常见。分期付款的买受人未支付到期价款的金额达到全部价款的五分之一的，出卖人可以要求买受人支付全部价款或者解除合同。出卖人解除合同的，可以向买受人要求支付该标的物的使用费。

（三）按照合同订立方式不同的分类

按照合同订立方式的不同，建设工程材料设备采购合同可以分为竞争买卖合同和自由买卖合同。竞争买卖包括招标投标和拍卖。在建设工程领域，一般都是通过招标投标进行竞争。竞争买卖以外的交易则是自由买卖。

四、九部委材料、设备采购合同文本的构成

九部委材料、设备采购合同文本均由通用合同条款、专用合同条款和合同附件格式构成。九部委材料、设备采购合同文本适用于依法必须招标的与工程建设有关的材料、设备采购项目。"专用合同条款"可对"通用合同条款"进行补充、细化，但除"通用合同条款"明确规定可以作出不同约定外，"专用合同条款"补充和细化的内容不得与"通用合同条款"相抵触，否则抵触内容无效。九部委材料、设备采购合同文本合同附件包括合同协议书和履约保证金格式。

组成合同的各项文件应互相解释，互为说明。除专用合同条款另有约定外，材料采购合同解释合同文件的优先顺序如下：（1）合同协议书；（2）中标通知书；（3）投标函；（4）商务和技术偏差表；（5）专用合同条款；（6）通用合同条款；（7）供货要求；（8）分项报价表；（9）中标材料质量标准的详细描述；（10）相关服务计划；（11）其他合同文件。

除专用合同条款另有约定外，设备采购合同解释合同文件的优先顺序如下：（1）合同协议书；（2）中标通知书；（3）投标函；（4）商务和技术偏差表；（5）专用合同条款；（6）通用合同条款；（7）供货要求；（8）分项报价表；（9）中标设备技术性能指标的详细描述；（10）技术服务和质保期服务计划；（11）其他合同文件。

第二节　材料采购合同履行管理

一、合同价格与支付

（一）合同价格

合同协议书中载明的签约合同价包括卖方为完成合同全部义务应承担的一切成本、费用和支出以及卖方的合理利润。除专用合同条款另有约定外，供货周期不超过 12 个月的签约合同价为固定价格。供货周期超过 12 个月且合同材料交付时材料价格变化超过专用合同条款约定的幅度的，双方应按照专用合同条款中约定的调整方法对合同价格进行调整。

（二）合同价款的支付

除专用合同条款另有约定外，买方应通过以下方式和比例向卖方支付合同价款：

1. 预付款

合同生效后，买方在收到卖方开具的注明应付预付款金额的财务收据正本一份并经审核无误后 28 日内，向卖方支付签约合同价的 10％作为预付款。买方支付预付款后，如卖方未履行合同义务，则买方有权收回预付款；如卖方依约履行了合同义务，则预付款抵作进度款。

2. 进度款

卖方按照合同约定的进度交付合同材料并提供相关服务后，买方在收到卖方提交的下列单据并经审核无误后 28 日内，应向卖方支付进度款，进度款支付至该批次合同材料的合同价格的 95％：（1）卖方出具的交货清单正本一份；（2）买方签署的收货清单正本一份；（3）制造商出具的出厂质量合格证正本一份；（4）合同材料验收证书或进度款支付函正本一份；（5）合同价格 100％金额的增值税发票正本一份。

3. 结清款

全部合同材料质量保证期届满后，买方在收到卖方提交的由买方签署的质量保证期届满证书并经审核无误后 28 日内，向卖方支付合同价格 5％的结清款。

（三）买方扣款的权利

当卖方应向买方支付合同项下的违约金或赔偿金时，买方有权从上述任何一笔应付款中予以直接扣除和（或）兑付履约保证金。

二、包装、标记、运输和交付

（一）包装

卖方应对合同材料进行妥善包装，以满足合同材料运至施工场地及在施工场地保管的需要。包装应采取防潮、防晒、防锈、防腐蚀、防震动及防止其他损坏的必要保护措施，从而保护合同材料能够经受多次搬运、装卸、长途运输并适宜保管。除专用合同条款另有约定外，买方无需将包装物退还给卖方。

（二）标记

除专用合同条款另有约定外，卖方应按合同约定在材料包装上以不可擦除的、明显的方式作出必要的标记。根据合同材料的特点和运输、保管的不同要求，卖方应对合同材料清楚地标注"小心，轻放""此端朝上，请勿倒置""保持干燥"等字样和其他适当标记。如果合同材料中含有易燃易爆物品、腐蚀物品、放射性物质等危险品，卖方应标明危险品标志。

（三）运输

卖方应自行选择适宜的运输工具及线路安排合同材料运输。除专用合同条款另有约定外，卖方应在合同材料预计启运 7 日前，将合同材料名称、装运材料数量、重量、体积（用 m^3 表示）、合同材料单价、总金额、运输方式、预计交付日期和合同材料在装卸、保管中的注意事项等预通知买方，并在合同材料启运后 24 小时之内正式通知买方。如果合同材料中包括单个包装超大和（或）超重的，卖方应将超大和（或）超重的每个包装的重量和尺寸通知买方；如果合同材料中包括易燃易爆物品、腐蚀物品、放射性物质等危险品，则危险品的品名、性质、在装卸、保管方面的特殊要求、注意事项和处理意外情况的方法等，也应一并通知买方。

（四）交付

除专用合同条款另有约定外，卖方应根据合同约定的交付时间和批次在施工场地卸货后将合同材料交付给买方，买方对卖方交付的合同材料的外观及件数进行清点核验后应签发收货清单。买方签发收货清单不代表对合同材料的接受，双方还应按合同约定进行后续的检验和验收。

合同材料的所有权和风险自交付时起由卖方转移至买方，合同材料交付给买方之前包括运输在内的所有风险均由卖方承担。除专用合同条款另有约定外，买方如果发现技术资料存在短缺和（或）损坏，卖方应在收到买方的通知后 7 日内免费补齐短缺和（或）损坏的部分。如果买方发现卖方提供的技术资料有误，卖方应在收到买方通知后 7 日内免费替换。如由于买方原因导致技术资料丢失和（或）损坏，卖方应在收到买方的通知后 7 日内补齐丢失（和）或损坏的部分，但买方应向卖方支付合理的复制、邮寄费用。

三、检验和验收

（一）卖方的检验

合同材料交付前，卖方应对其进行全面检验，并在交付合同材料时向买方提交合同材料的质量合格证书。

（二）买方的检验方式

合同材料交付后，买方应在专用合同条款约定的期限内安排对合同材料的规格、质量等进行检验，检验按照专用合同条款约定的下列一种方式进行：（1）由买方对合同材料进行检验；（2）由专用合同条款约定的拥有资质的第三方检验机构对合同材料进行检验；（3）专用合同条款约定的其他方式。

（三）检验日期与地点

买方应在检验日期 3 日前将检验的时间和地点通知卖方，卖方应自负费用派遣代表参加检验。若卖方未按买方通知到场参加检验，则检验可正常进行，卖方应接受对合同材料的检验结果。

除专用合同条款另有约定外，买方在全部合同材料交付后 3 个月内未安排检验和验收的，卖方可签署进度款支付函提交买方，如买方在收到后 7 日内未提出书面异议，则进度款支付函自签署之日起生效。进度款支付函的生效不免除卖方继续配合买方进行检验和验收的义务，合同材料验收后双方应签署合同材料验收证书。

（四）检验合格

合同材料经检验合格，买卖双方应签署合同材料验收证书一式二份，双方各持一份。若合同约定了合同材料的最低质量标准，且合同材料经检验达到了合同约定的最低质量标准的，视为合同材料符合质量标准，买方应验收合同材料，但卖方应按专用合同条款的约定进行减价或向买方支付补偿金。合同材料由第三方检验机构进行检验的，第三方检验机构的检验结果对双方均具有约束力。合同材料验收证书的签署不能免除卖方在质量保证期内对合同材料应承担的保证责任。

四、违约责任

（一）违约责任的承担方式

合同一方不履行合同义务、履行合同义务不符合约定或者违反合同项下所作保证的，应向对方承担继续履行、采取补救措施或者赔偿损失等违约责任。

（二）卖方迟延交货违约金

卖方未能按时交付合同材料的，应向买方支付迟延交货违约金。卖方支付迟延交货违约金，不能免除其继续交付合同材料的义务。除专用合同条款另有约定外，迟延交付违约金计算方法如下：延迟交付违约金＝延迟交付材料金额×0.08％×延迟交货天数。迟延交付违约金的最高限额为合同价格的10％。

（三）买方延迟付款违约金

买方未能按合同约定支付合同价款的，应向卖方支付延迟付款违约金。除专用合同条款另有约定外，迟延付款违约金的计算方法如下：延迟付款违约金＝延迟付款金额×0.08％×延迟付款天数。迟延付款违约金的总额不得超过合同价格的10％。

第三节　设备采购合同履行管理

一、合同价格与支付

（一）合同价格

合同协议书中载明的签约合同价包括卖方为完成合同全部义务应承担的一切成本、费用和支出以及卖方的合理利润。除专用合同条款另有约定外，签约合同价为固定价格。

（二）合同价款的支付

除专用合同条款另有约定外，买方应通过以下方式和比例向卖方支付合同价款：

1. 预付款

合同生效后，买方在收到卖方开具的注明应付预付款金额的财务收据正本一份并经审核无误后28日内，向卖方支付签约合同价的10％作为预付款。买方支付预付款后，如卖方未履行合同义务，则买方有权收回预付款；如卖方依约履行了合同义务，则预付款抵作合同价款。

2. 交货款

卖方按合同约定交付全部合同设备后，买方在收到卖方提交的下列全部单据并经审核无误后28日内，向卖方支付合同价格的60％：（1）卖方出具的交货清单正本一份；（2）买方签署的收货清单正本一份；（3）制造商出具的出厂质量合格证正本一份；（4）合同价格100％金额的增值税发票正本一份。

3. 验收款

买方在收到卖方提交的买卖双方签署的合同设备验收证书或已生效的验收款支付函正本一份并经审核无误后28日内，向卖方支付合同价格的25％。

4. 结清款

买方在收到卖方提交的买方签署的质量保证期届满证书或已生效的结清款支付函正本一份，并经审核无误后28日内，向卖方支付合同价格的5％。如果依照合同约定，卖方应向买方支付费用的，买方有权从结清款中直接扣除该笔费用。除专用合同条款另有约定外，在买方向卖方支付验收款的同时或其后的任何时间内，卖方可在向买方提交买方可接受的金额为合同价格5％的合同结清款保函的前提下，要求买方支付合同结清款，买方不得拒绝。

（三）买方扣款的权利

当卖方应向买方支付合同项下的违约金或赔偿金时，买方有权从上述任何一笔应付款中予以直接扣除和（或）兑付履约保证金。

二、监造及交货前检验

（一）监造

专用合同条款约定买方对合同设备进行监造的，双方应按本款及专用合同条款约定履行。在合同设备的制造过程中，买方可派出监造人员，对合同设备的生产制造进行监造，监督合同设备制造、检验等情况。监造的范围、方式等应符合专用合同条款和（或）供货要求等合同文件的约定。

除专用合同条款和（或）供货要求等合同文件另有约定外，买方监造人员可到合同设备及其关键部件的生产制造现场进行监造，卖方应予配合。卖方应免费为买方监造人员提供工作条件及便利，包括但不限于必要的办公场所、技术资料、检测工具及出入许可等。除专用合同条款另有约定外，买方监造人员的交通、食宿费用由买方承担。

卖方制订生产制造合同设备的进度计划时，应将买方监造纳入计划安排，并提前通知买方；买方进行监造不应影响合同设备的正常生产。除专用合同条款和（或）供货要求等合同文件另有约定外，卖方应提前 7 日将需要买方监造人员现场监造事项通知买方；如买方监造人员未按通知出席，不影响合同设备及其关键部件的制造或检验，但买方监造人员有权事后了解、查阅、复制相关制造或检验记录。

买方监造人员在监造中如发现合同设备及其关键部件不符合合同约定的标准，则有权提出意见和建议。卖方应采取必要措施消除合同设备的不符，由此增加的费用和（或）造成的延误由卖方负责。

买方监造人员对合同设备的监造，不视为对合同设备质量的确认，不影响卖方交货后买方依照合同约定对合同设备提出质量异议和（或）退货的权利，也不免除卖方依照合同约定对合同设备所应承担的任何义务或责任。

（二）交货前检验

专用合同条款约定买方参与交货前检验的，合同设备交货前，卖方应会同买方代表根据合同约定对合同设备进行交货前检验并出具交货前检验记录，有关费用由卖方承担。卖方应免费为买方代表提供工作条件及便利，包括但不限于必要的办公场所、技术资料、检测工具及出入许可等。除专用合同条款另有约定外，买方代表的交通、食宿费用由买方承担。

除专用合同条款和（或）供货要求等合同文件另有约定外，卖方应提前 7 日将需要买方代表检验事项通知买方；如买方代表未按通知出席，不影响合同设备的检验。若卖方未依照合同约定提前通知买方而自行检验，则买方有权要求卖方暂停发货并重新进行检验，由此增加的费用和（或）造成的延误由卖方负责。

买方代表在检验中如发现合同设备不符合合同约定的标准，则有权提出异议。卖方应采取必要措施消除合同设备的不符，由此增加的费用和（或）造成的延误由卖方负责。

买方代表参与交货前检验及签署交货前检验记录的行为，不视为对合同设备质量的确认，不影响卖方交货后买方依照合同约定对合同设备提出质量异议和（或）退货的权利，也不免除卖方依照合同约定对合同设备所应承担的任何义务或责任。

三、包装、标记、运输和交付

（一）包装

卖方应对合同设备进行妥善包装，以满足合同设备运至施工场地及在施工场地保管的需要。包装应采取防潮、防晒、防锈、防腐蚀、防震动及防止其他损坏的必要保护措施，从而保护合同设备能够经受多次搬运、装卸、长途运输并适宜保管。每个独立包装箱内应附装箱清单、质量合格证、装配图、说明书、操作指南等资料。除专用合同条款另有约定外，买方无需将包装物退还给卖方。

（二）标记

除专用合同条款另有约定外，卖方应在每一包装箱相邻的四个侧面以不可擦除的、明显的方式标记必要的装运信息和标记，以满足合同设备运输和保管的需要。根据合同设备的特点和运输、保管的不同要求，卖方应在包装箱上清楚地标注"小心，轻放""此端朝上，请勿倒置""保持干燥"等字样和其他适当标记。对于专用合同条款约定的超大超重件，卖方应在包装箱两侧标注"重心"和"起吊点"以便装卸和搬运。如果发运合同设备中含有易燃易爆物品、腐蚀物品、放射性物质等危险品，则应在包装箱上标明危险品标志。

（三）运输

卖方应自行选择适宜的运输工具及线路安排合同设备运输。除专用合同条款另有约定外，每件能够独立运行的设备应整套装运。该设备安装、调试、考核和运行所使用的备品、备件、易损易耗件等应随相关的主机一齐装运。

除专用合同条款另有约定外，卖方应在合同设备预计启运 7 日前，将合同设备名称、数量、箱数、总毛重、总体积（用 m^3 表示）、每箱尺寸（长×宽×高）、装运合同设备总金额、运输方式、预计交付日期和合同设备在运输、装卸、保管中的注意事项等预通知买方，并在合同设备启运后 24 小时之内正式通知买方。

如果发运合同设备中包括专用合同条款约定的超大超重包装，则卖方应将超大和（或）超重的每个包装箱的重量和尺寸通知买方；如果发运合同设备中包括易燃易爆物品、腐蚀物品、放射性物质等危险品，则危险品的品名、性质、在运输、装卸、保管方面的特殊要求、注意事项和处理意外情况的方法等，也应一并通知买方。

（四）交付

除专用合同条款另有约定外，卖方应根据合同约定的交付时间和批次在施工场地车面上将合同设备交付给买方。买方对卖方交付的包装的合同设备的外观及件数进行清点核验后应签发收货清单，并自负风险和费用进行卸货。买方签发收货清单不代表对合同设备的接受，双方还应按合同约定进行后续的检验和验收。

合同设备的所有权和风险自交付时起由卖方转移至买方，合同设备交付给买方之前包括运输在内的所有风险均由卖方承担。除专用合同条款另有约定外，买方如果发现技术资料存在短缺和（或）损坏，卖方应在收到买方的通知后 7 日内免费补齐短缺和（或）损坏的部分。如果买方发现卖方提供的技术资料有误，卖方应在收到买方通知后 7 日内免费替换。如由于买方原因导致技术资料丢失和（或）损坏，卖方应在收到买方的通知后 7 日内补齐丢失和（或）损坏的部分，但买方应向卖方支付合理的复制、邮寄费用。

四、开箱检验、安装、调试、考核、验收

（一）开箱检验

合同设备交付后应进行开箱检验，即合同设备数量及外观检验。开箱检验在专用合同条款约定的下列任一种时间进行：（1）合同设备交付时；（2）合同设备交付后的一定期限内。如开箱检验不在合同设备交付时进行，买方应在开箱检验 3 日前将开箱检验的时间和地点通知卖方。

除专用合同条款另有约定外，合同设备的开箱检验应在施工场地进行。开箱检验由买卖双方共同进行，卖方应自负费用派遣代表到场参加开箱检验。在开箱检验中，买方和卖方应共同签署数量、外观检验报告，报告应列明检验结果，包括检验合格或发现的任何短缺、损坏或其他与合同约定不符的情形。

如果卖方代表未能依约或按买方通知到场参加开箱检验，买方有权在卖方代表未在场的情况下进行开箱检验，并签署数量、外观检验报告，对于该检验报告和检验结果，视为卖方已接受，但卖方确有合理理由且事先与买方协商推迟开箱检验时间的除外。

如开箱检验不在合同设备交付时进行，则合同设备交付以后到开箱检验之前，应由买方负责按交货时外包装原样对合同设备进行妥善保管。除专用合同条款另有约定外，在开箱检验时如果合同设备外包装与交货时一致，则开箱检验中发现的合同设备的短缺、损坏或其他与合同约定不符的情形，由卖方负责，卖方应补齐、更换及采取其他补救措施。如果在开箱检验时合同设备外包装不是交货时的包装或虽是交货时的包装但与交货时不一致且出现很可能导致合同设备短缺或损坏的包装破损，则开箱检验中发现合同设备短缺、损坏或其他与合同约定不符的情形的风险，由买方承担，但买方能够证明是由于卖方原因或合同设备交付前非买方原因导致的除外。

如双方在专用合同条款和（或）供货要求等合同文件中约定由第三方检测机构对合同设备进行开箱检验或在开箱检验过程中另行约定由第三方检验的，则第三方检测机构的检验结果对双方均具有约束力。

开箱检验的检验结果不能对抗在合同设备的安装、调试、考核、验收中及质量保证期内发现的合同设备质量问题，也不能免除或影响卖方依照合同约定对买方负有的包括合同设备质量在内的任何义务或责任。

（二）安装、调试

开箱检验完成后，双方应对合同设备进行安装、调试，以使其具备考核的状态。安装、调试应按照专用合同条款约定的下列任一种方式进行：（1）卖方按照合同约定完成合同设备的安装、调试工作；（2）买方或买方安排第三方负责合同设备的安装、调试工作，卖方提供技术服务。除专用合同条款另有约定外，在安装、调试过程中，如由于买方或买方安排的第三方未按照卖方现场服务人员的指导导致安装、调试不成功和（或）出现合同设备损坏，买方应自行承担责任。如在买方或买方安排的第三方按照卖方现场服务人员的指导进行安装、调试的情况下出现安装、调试不成功和（或）造成合同设备损坏的情况，卖方应承担责任。

除专用合同条款另有约定外，安装、调试中合同设备运行需要的用水、用电、其他动力和原材料（如需要）等均由买方承担。

（三）考核

安装、调试完成后，双方应对合同设备进行考核，以确定合同设备是否达到合同约定的技术性能考核指标。除专用合同条款另有约定外，考核中合同设备运行需要的用水、用电、其他动力和原材料（如需要）等均由买方承担。

如由于卖方原因合同设备在考核中未能达到合同约定的技术性能考核指标，则卖方应在双方同意的期限内采取措施消除合同设备中存在的缺陷，并在缺陷消除以后，尽快进行再次考核。

由于卖方原因未能达到技术性能考核指标时，为卖方进行考核的机会不超过三次。如果由于卖方原因，三次考核均未能达到合同约定的技术性能考核指标，则买卖双方应就合同的后续履行进行协商，协商不成的，买方有权解除合同。但如合同中约定了或双方在考核中另行达成了合同设备的最低技术性能考核指标，且合同设备达到了最低技术性能考核指标的，视为合同设备已达到技术性能考核指标，买方无权解除合同，且应接受合同设备，但卖方应按专用合同条款的约定进行减价或向买方支付补偿金。

如由于买方原因合同设备在考核中未能达到合同约定的技术性能考核指标，则卖方应协助买方安排再次考核。由于买方原因未能达到技术性能考核指标时，为买方进行考核的机会不超过三次。

考核期间，双方应及时共同记录合同设备的用水、用电、其他动力和原材料（如有）的使用及设备考核情况。对于未达到技术性能考核指标的，应如实记录设备表现、可能原因及处理情况等。

（四）验收

如合同设备在考核中达到或视为达到技术性能考核指标，则买卖双方应在考核完成后7日内或专用合同条款另行约定的时间内签署合同设备验收证书一式二份，双方各持一份。验收日期应为合同设备达到或视为达到技术性能考核指标的日期。如由于买方原因合同设备在三次考核中均未能达到技术性能考核指标，买卖双方应在考核结束后7日内或专用合同条款另行约定的时间内签署验收款支付函。

除专用合同条款另有约定外，卖方有义务在验收款支付函签署后12个月内应买方要求提供相关技术服务，协助买方采取一切必要措施使合同设备达到技术性能考核指标。买方应承担卖方因此产生的全部费用。

除专用合同条款另有约定外，如由于买方原因在最后一批合同设备交货后6个月内未能开始考核，则买卖双方应在上述期限届满后7日内或专用合同条款另行约定的时间内签署验收款支付函。除专用合同条款另有约定外，卖方有义务在验收款支付函签署后6个月内应买方要求提供不超出合同范围的技术服务，协助买方采取一切必要措施使合同设备达到技术性能考核指标，且买方无需因此向卖方支付费用。在上述6个月的期限内，如合同设备经过考核达到或视为达到技术性能考核指标，则买卖双方应签署合同设备验收证书。

合同设备验收证书的签署不能免除卖方在质量保证期内对合同设备应承担的保证责任。

五、技术服务

卖方应派遣技术熟练、称职的技术人员到施工场地为买方提供技术服务。卖方的技术服务应符合合同的约定。买方应免费为卖方技术人员提供工作条件及便利，包括但不限于必要的办公场所、技术资料及出入许可等。除专用合同条款另有约定外，卖方技术人员的交通、食宿费用由卖方承担。

卖方技术人员应遵守买方施工现场的各项规章制度和安全操作规程，并服从买方的现场管理。如果任何技术人员不合格，买方有权要求卖方撤换，因撤换而产生的费用应由卖方承担。在不影响技术服务并且征得买方同意的条件下，卖方也可自负费用更换其技术人员。

六、违约责任

（一）承担违约责任的方式

合同一方不履行合同义务、履行合同义务不符合约定或者违反合同项下所作保证的，应向对方承担继续履行、采取修理、更换、退货等补救措施或者赔偿损失等违约责任。

（二）卖方迟延交付的违约金

卖方未能按时交付合同设备（包括仅迟延交付技术资料但足以导致合同设备安装、调试、考核、验收工作推迟的）的，应向买方支付迟延交付违约金。除专用合同条款另有约定外，迟延交付违约金的计算方法如下：（1）从迟交的第一周到第四周，每周迟延交付违约金为迟交合同设备价格的 0.5%；（2）从迟交的第五周到第八周，每周迟延交付违约金为迟交合同设备价格的 1%；（3）从迟交第九周起，每周迟延交付违约金为迟交合同设备价格的 1.5%。在计算迟延交付违约金时，迟交不足一周的按一周计算。迟延交付违约金的总额不得超过合同价格的 10%。迟延交付违约金的支付不能免除卖方继续交付相关合同设备的义务，但如迟延交付必然导致合同设备安装、调试、考核、验收工作推迟的，相关工作应相应顺延。

（三）买方迟延付款违约金

买方未能按合同约定支付合同价款的，应向卖方支付延迟付款违约金。除专用合同条款另有约定外，迟延付款违约金的计算方法如下：（1）从迟付的第一周到第四周，每周迟延付款违约金为迟延付款金额的 0.5%；（2）从迟付的第五周到第八周，每周迟延付款违约金为迟延付款金额的 1%；（3）从迟付第九周起，每周迟延付款违约金为迟延付款金额的 1.5%。在计算迟延付款违约金时，迟付不足一周的按一周计算。迟延付款违约金的总额不得超过合同价格的 10%。

思 考 题

1. 材料采购合同如何进行交货的检验？
2. 材料采购合同履行过程中，如果出现供货方提前交货应如何处理？
3. 材料采购合同的违约责任有哪些规定？
4. 设备采购合同的合同价款应当如何支付？

第九章　国际工程常用合同文本

第一节　FIDIC 施工合同条件

一、FIDIC 系列合同条件简介

FIDIC 是国际咨询工程师联合会（FEDERATION INTERNATIONALE DES INGE-NIEURS CONSEILS）的法文首字母的缩写，中文音译为"菲迪克"。作为全球性的咨询工程师国际组织，FIDIC 以其出版的建设工程项目系列合同条件最具影响，并在国际上广泛使用。

目前得到广泛应用的 FIDIC 标准合同条件主要有：

（1）《施工合同条件（Conditions of Contract for Construction)》（1999 年第 1 版、2017 年第 2 版），又称"新红皮书"，适用于各类大型或较复杂的工程或房建项目，尤其适用于传统的"设计—招标—建造"模式，承包商按照业主提供的设计进行施工，采用工程量清单计价，业主委托工程师管理合同，由工程师监管施工并签证支付。

（2）《设计采购施工（EPC）/交钥匙工程合同条件（Conditions of Contract for EPC/Turnkey Projects)》（1999 年第 1 版、2017 年第 2 版），又称"银皮书"，适用于承包商以交钥匙方式进行设计、采购和施工的总承包，完成一个配备完善的业主只需"转动钥匙"即可运行的工程项目，采用总价合同。

（3）《土木工程施工合同条件（Conditions of Contract for Works of Civil Engineering Construction)》（1977 年第 3 版、1987 年第 4 版、1992 年修订版），又称"红皮书"，适合于承包商按发包人设计进行施工的房屋建筑和土木工程的施工项目，采用工程量清单计价，单价可调整，由业主委派工程师管理合同。

（4）《生产设备和设计—施工合同条件（Conditions of Contract for Plant and Design-Build)》（1999 年第 1 版、2017 年第 2 版），又称"新黄皮书"，适用于"设计-建造"模式，由承包商按照业主要求进行设计、提供设备并施工安装的机械、电气、房建等工程的合同，采用总价合同，业主委托工程师管理合同，由工程师监管承包商设备的现场安装以及签证支付。

（5）《简明合同格式（Short Form of Contract)》（1999 年第 1 版），又称"绿皮书"，适用于投资金额相对较小、工期短或技术简单，或重复性的工程项目施工，既适于业主设计也适于承包商设计。

（6）《设计—建造与交钥匙工程合同条件（Conditions of Contract for Design-Build and Turnkey)》（1995 年第 1 版），又称"橘皮书"，适用于由承包商根据业主要求设计和施工的工程项目和房建项目，采用总价合同。

（7）《设计施工和营运合同条件（Conditions of Contract for Design，Build and Operate Projects)》（2008 年第 1 版），又称"金皮书"，适用于承包商不仅需要承担设施的设计和施工工作，还要负责设施的长期运营，并在运营期到期后将设施移交给政府的项目。

(8)《土木工程施工分包合同条件（Conditions of Subcontract for Work of Civil Engineering Construction）》（1994 年第 1 版），又称"褐皮书"，适用于承包商与专业工程施工分包商订立的施工合同。

(9)《客户/咨询工程师（单位）服务协议书（Client/Consultant Model Services Agreement）》（1998 年第 3 版、2006 年第 4 版、2017 年第 5 版），又称"白皮书"，适用于业主委托工程咨询单位进行项目的前期投资研究、可行性研究、工程设计、招标评标、合同管理和投产准备等咨询服务合同。

FIDIC 合同条件不仅在国际承包工程中得到广泛的应用，也对我国编制的工程建设合同示范文本提供了重要借鉴，如国家发展改革委员会、财政部、建设部、铁道部、交通部、信息产业部、水利部、民航总局、广电总局九部委颁发的《标准施工招标文件》（2007 年版）、《简明标准施工招标文件》（2012 版）、《标准设计施工总承包招标文件》（2012 年版）中的合同条件，住房和城乡建设部、国家工商行政管理总局颁布的《建设工程施工合同》（2017 年版）、《建设项目工程总承包合同》（2012 年版）示范文本等，均参考了 FIDIC 合同条件的管理模式、文本格式和条款内容，可以说是 FIDIC 合同体系在中国的改造和推广应用。

二、《施工合同条件》中各方责任和义务

《施工合同条件（Conditions of Contract for Construction）》是 FIDIC 系列合同条件中最具代表性的文本。

在《施工合同条件》模式下，项目主要参与方为业主（Employer）、承包商（Contractor）和工程师（Engineer）。

其中，工程师受业主委托授权为业主开展项目日常管理工作，相当于国内的监理工程师；工程师属于业主方人员，应履行合同中赋予的职责，行使合同中明确规定的或必然隐含的赋予的权力，但应保持公平（Fair）的态度处理施工过程中的问题。工程师的人员包括具备资格的工程师及其他有能力履行职责的专业人员。

根据通用合同条件规定，各方的主要责任和义务概述如下：

（一）业主的主要责任和义务

委托任命工程师代表业主进行合同管理；承担大部分或全部设计工作并及时向承包商提供设计图纸；给予承包商现场占有权；向承包商及时提供信息、指示、同意、批准及发出通知；避免可能干扰或阻碍工程进展的行为；提供业主方应提供的保障、物资；在必要时指定专业分包商和供应商；做好项目资金安排；在承包商完成相应工作时按时支付工程款；协助承包商申办工程所在国法律要求的相关许可等。

（二）承包商的主要责任和义务

应按照合同规定及工程师的指示对工程进行设计、施工和竣工并修补缺陷；为工程的设计、施工、竣工及修补缺陷提供所需的设备、文件、人员、物资和服务；对所有现场作业和施工方法的完备性、稳定性和安全性负责，并保护环境；提供工程执行和竣工所需的各类计划、实施情况、意见和通知；提交竣工文件以及操作和维修手册；办理工程保险；提供履约担保证书；履行承包商日常管理职能等。

（三）工程师的主要责任和义务

执行业主委托的施工项目质量、进度、费用、安全、环境等目标监控和日常管理工作，包括协调、联系、指示、批准和决定等；确定确认合同款支付、工程变更、试验、验收等专业事项等；工程师还可以向助手指派任务和委托部分权力，但工程师无权修改合同，无权解除任何一方依照合同具有的职责、义务或责任。

FIDIC 施工合同条件招投标及合同实施主要事件及顺序如图 9-1 所示。

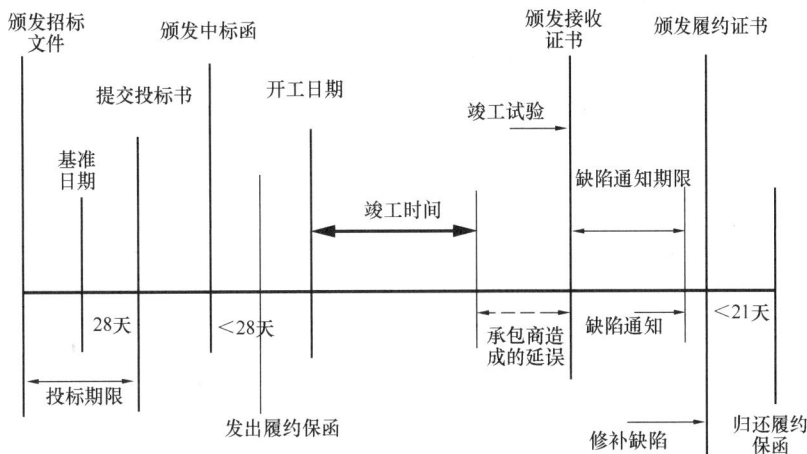

图 9-1　FIDIC 施工合同条件招投标及合同实施主要事件及顺序

三、《施工合同条件》典型条款分析

以下对 FIDIC《施工合同条件》（新红皮书）通用合同条件中的典型条款进行梳理分析。

（一）检验、试验、拒收和修补

1. 检验

《施工合同条件》主张采取事前控制和事中控制，重视从原料到生产、施工全过程的质量检验。条款规定：包括工程师在内的业主方人员在一切合理的时间内：

（1）应完全能进入现场及获得自然材料的所有场所；

（2）有权在生产、制造和施工期间对材料和工艺进行审核、检查、测量与检验，并对永久设备的制造进度和材料的生产加工进度进行审查。

承包商应向业主方人员提供一切机会配合检查，但此类活动并不解除承包商的任何义务和责任。

2. 承包商的试验

对于除竣工试验外的对永久设备、材料和工程的试验，承包商应提供所有试验所需的仪器、文件资料、电力、装置、燃料、工具、材料与人员。承包商应与工程师商定试验的时间和地点。

工程师应提前至少 72 小时将其参加试验的意向通知承包商。如果工程师未在商定的时间和地点参加试验，除非工程师另有指令，承包商可自行进行试验，并视为是在工程师在场的情况下进行的。

如果因遵守工程师的指令或因业主的延误而使承包商遭受了延误和（或）导致了费用，则承包商应通知工程师并有权向其提出工期、费用和利润索赔。

承包商应立即向工程师提交正式的试验报告。当规定的试验通过后，工程师应签署承包商的试验证书。如工程师未能参加试验，他应被视为对试验数据的准确性予以认可。因此，工程师应确保切实履行及时通知、指示并准时到场见证试验的职责。

3. 拒收

如果根据检查、检验或试验，发现任何永久设备、材料或工艺有缺陷或不符合同规定，工程师可通知承包商并说明理由，拒收此永久设备、材料或工艺。承包商应立即修复上述缺陷并保证符合合同规定。若工程师要求对此永久设备、材料或工艺再度进行试验，则试验应按相同条款和条件重新进行。如果此类拒收和再度试验致使业主产生了附加费用，则承包商应按照业主索赔的规定，向业主支付这笔费用。

4. 修补工作

尽管先前已经通过了试验或颁发了证书，工程师仍可以指示承包商：

（1）将不符合合同规定的永久设备或材料从现场移走并进行更换；

（2）对不符合合同规定的任何工作进行返工；

（3）实施任何因事故、不可预见事件等导致的为保护工程安全而急需的工作。

承包商应立即或在指示规定的期限内执行该指示。如果承包商未能遵守该指示，则业主有权雇用其他人来实施工作，并予以支付。除非承包商有权获得此类工作的付款，否则按照业主索赔的规定，应向业主支付因其未完成工作而导致的费用。如果是业主方原因等导致的，承包商有权提出索赔。

（二）工程计量和估价

1. 工程计量

《施工合同条件》采用工程量清单计价模式，当工程师要求对工程量进行计量时，应提前通知承包商代表，承包商应派员及时协助工程师进行测量并提供工程师所要求的详细资料。如果承包商不同意工程量测量记录，应通知工程师并说明记录中不准确之处，工程师应予以确认或修改。如果承包商在被要求对测量记录进行审查后 14 天内未向工程师发出此类通知，则视为记录准确予以认可。如果承包商未能派人到场，则工程师的记录应视为准确并予认可。

2. 计量方法

无论当地有何惯例，在计量上：

（1）永久工程每项工程计量方法应按合同数据表中规定的方法，若无规定，则按符合工程量表或其他适用的明细表中的规定；

（2）对永久工程每项工程应以实际完成的净值计算，不考虑膨胀、收缩或浪费。

3. 估价

工程师应根据计量出的每项工作的工程量乘以相应费率或价格进行估价。如合同中无某项内容，应取类似工作的费率或价格。同时满足以下情形一中 4 个条件，或同时满足情形二中 3 个条件的，可对该项工作规定的费率或价格加以调整：

（1）情形一：

1）此项工作测量的工程量比工程量表或其他报表中规定的工程量的变动超过 10%；

2）工程量的变动与费率的乘积超过了中标合同额的 0.01%；

3）工程量的变动直接导致该项工作每单位成本的变动超过 1%；

4）合同中没有规定此项工作为固定费率。

（2）情形二：

1）根据变更和调整的规定指示的工作；

2）合同中没有规定该项工作的费率或价格；

3）由于该项工作的性质不同或实施条件不同，合同中未规定适合的费率或价格。

（三）价值工程

为鼓励承包商发挥经验，积极提出合理化建议，合同规定，承包商可随时向工程师提交书面的价值工程建议，即提出的建议有助于：加快竣工；降低业主工程施工、维护或运行的费用；提高业主竣工工程的效率或价值；给业主带来其他利益等。通过采纳合理化建议给业主带来的净收益，业主应与承包商分享。

（四）不可预见

1. 不可预见的定义

所谓"不可预见（Unforeseeable）"，指一个有经验的承包商在提交投标书日期前不能合理预见的风险。"不可预见"的风险分配方式使承包商在投标时将风险限制在"可预见的"范围内，业主获得的应是承包商未考虑不可预见风险的正常标价和施工方案。

2. 不可预见的物质条件

"物质条件"是指承包商在工程实施中遇见的外界自然条件及人为的条件和其他障碍和污染物，包括地下和水文条件（但不包括气候条件）。如果承包商遇到其认为不可预见的物质条件，则承包商应尽快通知工程师，并说明其认为是不可预见的原因。承包商应继续实施工程，采用在此物质条件下合适的措施，并应遵守工程师给予的任何指示。如果承包商因此遭受了工期延误或费用增加，承包商有权提出工期和费用（但不包括利润）索赔。工程师则应在收到通知并对该物质条件进行检验核实后，确定是否属于不可预见、影响程度如何，并处理承包商提出的索赔。

（五）工程照管责任

承包商应从开工日期起，承担照管工程、货物、承包商文件的工程照管责任，直到颁发工程接收证书之日止，这时工程照管责任应移交给业主。如果对某分项工程或部分工程已颁发或视为已颁发接收证书，则对该分项工程或部分工程的照管责任应移交给业主。

在照管责任按上述规定移交给业主后，承包商仍应对其扫尾工作承担照管责任，直到扫尾工作完成。如合同发生终止，则从终止之日起，承包商不再承担工程照管责任。

如果在承包商负责照管期间，因合同规定的业主风险以外的原因导致工程、货物或承包商文件发生任何损失或损害，承包商应自行承担风险和费用予以修复，使其达到合同要求。

（六）工程的接收

1. 工程和分项工程的接收

承包商可在其认为工程即将竣工并做好接收准备的日期前不少于 14 天，向工程师发出申请接收证书的通知。如工程分成若干个分项工程，承包商可类似地为每个分项工程申请接收证书。

工程师在收到承包商申请通知后 28 天内，应向承包商颁发接收证书，注明工程或分项工程按照合同要求竣工的日期，对工程或分项工程预期使用无实质影响的少量收尾工作和缺陷（直到或当收尾工作和缺陷修补完成时）除外；或拒绝申请，说明理由，并指出在能够颁发接收证书前承包商需要做的工作。承包商应在再次发出申请通知前，完成此项工作。

当工程达到下列 5 项条件，即认为业主接收了工程：

（1）工程已按合同竣工，并通过竣工试验；

（2）对承包商按合同要求提交的竣工记录没有给出反对通知；

（3）对承包商按合同要求提交的操作与维护手册没有给出反对通知；

（4）承包商完成了合同要求的培训工作；

（5）根据本条款签发了接收证书或被视为签发了接收证书。

如果承包商提交接收申请 28 天内，工程师仍未答复，则若工程达到了上述前四个条件，即视为工程已在工程师收到承包商的申请通知后的第 14 天竣工，且被视为已颁发了接收证书。

2. 部分工程的接收

在业主的自主决定下，工程师可为永久工程的任何部分颁发接收证书。

除非且直至工程师已颁发了该部分工程的接收证书，业主不得使用该部分工程。但是，如果在接收证书颁发前业主确实使用了工程的任何部分，则：

（1）该使用的部分应视为自开始使用之日起已被业主接收；

（2）承包商应从该开始使用之日起停止对该部分的照管责任，转由业主责任；

（3）如承包商提出要求，工程师应为此部分颁发接收证书。

如果因业主接收或使用该部分工程而使承包商招致了费用，承包商应通知工程师并有权提出费用及利润索赔。

（七）误期赔偿费

如果承包商未能按合同中竣工时间的规定如期完工，根据业主索赔条款，承包商应当为其违约行为向业主支付误期赔偿费。误期赔偿费应按照合同中规定的每天应付金额，乘以接收证书上注明的日期超过规定的竣工时间的天数计算，且计算的赔偿总额不得超过合同中规定的误期赔偿费的最高限额。

除在工程竣工前根据由业主终止的规定终止的情况外，这些误期赔偿费应是承包商为此类违约应付的唯一赔偿费。支付赔偿费并不能解除承包商完成工程的义务或合同规定的其他责任和义务。

（八）索赔

1. 承包商的索赔

如果承包商认为，根据合同承包商有权得到竣工时间的延长期和（或）任何追加付款，承包商应向工程师发出通知，说明引起索赔的事件或情况。该通知应在承包商察觉或应已察觉该事件或情况后 28 天内发出。承包商还应在规定期限内，向工程师递交一份充分详细的索赔报告，包括索赔的依据、要求延长的时间和（或）追加的付款的全部详细资料。

工程师在收到索赔报告或证明资料后 42 天内，或在工程师可能建议并经承包商认可的其他期限内，做出回应。

2. 业主的索赔

业主也可以根据合同向承包商提出索赔要求，业主应在了解引起索赔的事件或情况后尽快向承包商发出通知并说明细节，包括业主认为根据合同有权得到的索赔金额或延长缺陷通知期的事实依据。由工程师确定业主通过索赔是否有权得到承包商的支付和（或）缺陷通知期的延长。

（九）争端处理

1. 争端避免/裁决委员会的任命

合同争端可按照规定，由争端避免/裁决委员会（Dispute Avoidance/Adjudication Board，DAAB）（或争端裁决委员会 Dispute Adjudication Board）裁决。业主和承包商双方应在规定的日期前联合任命 DAAB，DAAB 由具有适当资格的一人或三人组成。DAAB 成员与业主、承包商及工程师没有利害关系，由业主、承包商双方联合任命、分摊酬金，成为真正意义上的第三方，鼓励 DAAB 成员在日常非正式地参与处理合同双方潜在问题及分歧，及早化解争端。

2. 争端避免/裁决委员会的决定

如果双方发生争端，任一方可将争端事项提交给 DAAB，委托其做出决定。DAAB 应在收到委托事项后 84 天内或在双方认可的其他期限内，提出其有理由的决定。除非并直到该决定在友好解决或仲裁后应做出修改，该决定对双方具有约束力。

如果任一方对 DAAB 的决定不满，可以在收到该决定通知后 28 天内，将其不满向另一方发出通知。如双方均未发出表示不满的通知，则该决定应作为最终的对双方有约束力的决定。

如果任一方已按照上述规定发出了表示不满的通知，双方还应在着手仲裁前，尽力以友好协商的方式解决争端。

在以上梳理分析了 FIDIC《施工合同条件》中通用条件的典型条款，需要指出的是，合同条件由专用条件和通用条件共同组成，FIDIC 把适用于多数（但非全部）合同的条款纳入合同通用条件中，以方便用于各个不同的项目。专用条件是对通用条件的修改和补充，对每个具体的合同还需要编制其专用条件（考虑提到专用条件的通用条件条款），为此，FIDIC 提供了专用条件编写指南。

FIDIC《施工合同条件》和下一节介绍的《设计采购施工（EPC）/交钥匙工程合同条件》主要推荐通用于国际招标项目，考虑不同国家和地区的法规特点，尤其是应用于国内招标项目时，可根据项目实际情况和用户需要做些修改。

第二节　FIDIC 设计采购施工（EPC）/交钥匙合同条件

一、《设计采购施工（EPC）/交钥匙合同条件》及各方责任和义务

FIDIC 颁布的《设计采购施工（EPC）/交钥匙工程合同条件（Conditions of Contract for EPC/Turnkey Projects）》（又称"银皮书"），适用于设计—采购—施工（Engineering-Procurement-Construction）总承包模式，也称作交钥匙工程，该模式下业主只选定一个承包商，由承包商根据合同要求，承担建设项目的设计、采购、施工及试运行，向业主交付一个建成完好的工程设施并保证正常投入运营。尤其适于提供设备、工厂或类似设施，或基础设施工程及 BOT 等类型项目。

业主选择 EPC 合同多有如下考虑：期望工程总造价固定、不超过投资限额，项目风

险大部分由承包商承担；期望工期确定，使项目能在预定的时间投产运行；业主缺乏经验或人员有限，需要一揽子将项目发包给一个承包商，由其负责组织完成整个项目；业主采用比较宽松的管理方式，按里程碑方式支付；严格竣工检验以保证工程完工的质量，使项目发挥预期效益。

在银皮书中，合同的当事方是业主和承包商，双方分别任命业主代表及承包商代表，负责项目的日常管理。需要注意的是，与FIDIC《施工合同条件》不同，银皮书中没有"工程师"这一角色，而是由业主方委派"业主代表"代替业主负责工程管理工作，实现合同目标。承包商应接受业主或业主代表提出的指令。在工程款支付上，银皮书规定由业主根据承包商的报表直接支付，而没有工程师开具支付证书这个中间环节。

（一）业主的主要责任和义务

向承包商提供工程资料和数据；向承包商提供现场进入权和占用权；委派业主代表；做好项目资金安排；向承包商支付工程款；向承包商发出根据合同履行义务所需要的指示；发出变更通知；审核承包商文件；为承包商提供协助和配合；准备并负责业主设备；颁发工程接收证书等。

（二）承包商的主要责任和义务

按照合同进行设计、实施和完成工程，并修补工程中的缺陷；工程完工后应满足合同规定的预期目标；应提供合同规定的生产设备和承包商文件，以及设计、施工、竣工和修补缺陷所需的人员、物资和服务；为工程的完备性、稳定性和安全性承担责任并保护环境；提供履约担保证；负责核实和解释现场数据；遵守安全程序；建立质量保证体系；编制提交月进度报告；办理工程保险；负责承包商设备；负责现场保安；照管工程和货物；编制和提交竣工文件；对业主人员进行工程操作和维修培训等。

银皮书中规定的招投标及合同实施主要事件及顺序如图9-1所示。

二、《设计采购施工（EPC）/交钥匙合同条件》典型条款分析

以下对FIDIC《设计采购施工（EPC）/交钥匙工程合同条件》（银皮书）通用合同条件中的典型条款进行梳理分析。

（一）合同组成文件及业主要求

1. 合同组成文件

银皮书合同文件的组成及其优先次序是：

（1）合同协议书；

（2）专用合同条件；

（3）通用合同条件；

（4）业主要求；

（5）明细表；

（6）投标书；

（7）联合体保证（如投标人为联合体）；

（8）其他组成合同的文件。

2. 业主要求

对于EPC合同，工作范围和功能要求是项目实施的重要基础，应将业主对工程项目的各种功能要求在EPC合同中表述清楚，还应允许并要求投标人对所有相关资料和数据进行核实，并做好任何必要的调查研究，以便承包商据此开展设计、采购和施工工作。作为合同的重要组成文件，"业主要求"包括合同中业主提出的工程目标、范围、设计和技术标准，以及按合同所作的补充和修改。其优先次序仅次于合同协议书和合同条件。

EPC 承包商要充分理解业主提出的项目建设意图，依据业主对功能、设计准则的要求，以及业主提供的自行勘测考察现场情况的基本资料和数据来完成设计任务。在得到业主批准后确定工程实施细节，进而编制施工计划并完成整个工程。

（二）业主代表

根据合同，业主应任命一名"业主代表"，代表业主进行日常管理工作，业主方应将业主代表的姓名、地址、职责和权力通知给承包商。

业主代表应行使业主方授予的权力，履行职责、完成受托的任务，除非业主方另行通知，业主代表应被认为具有业主方根据合同规定的全部权力（终止合同的权力除外），如果业主方希望替换任何已任命的业主代表，应在不少于 14 天前将替换人员的姓名、地址、职责、权力及任命日期通知给承包商。承包商有权对替换人选提出反对，但需要给出合理的理由。

业主或业主代表可随时向其助理人员指派和授予一定的任务和权力，这些助理人员可包括驻地工程师以及担任检验试验各种生产设备和材料的独立检查员。

由业主代表及其助理人员根据授权做出的批准、证明、同意、检查、指示、通知、建议、要求、试验等，应如同业主采取的行动一样有效。承包商应接受业主、业主代表及助理人员根据授权向承包商发出的指令。

（三）承包商代表

承包商应任命一名"承包商代表"，并授予其代表承包商履行合同所需的全部权力。如未在合同中事先指定承包商代表，则承包商应在开工日期前将其拟任命为承包商代表的人选及资料提交给业主，以征得同意。承包商代表应以现场为基地，专职管理项目实施工作，代表承包商受理业主发出的有关承包商根据合同履行义务所需的各项书面指示。

承包商代表还可向任何胜任的人员授予权力和职责，该授权应在业主收到承包商代表签署的告知通知后方能生效。

（四）分包商

银皮书关于分包商的通用合同条件规定，承包商不得将整个工程分包出去。承包商应对任何分包商及其人员的行为承担连带责任。只有在专用合同条件中对分包商有要求的，承包商才需在不少于 28 天前向业主通知以下事项：

（1）拟雇用的分包商，并附包括其相关经验的详细资料；

（2）分包商承担工作的拟定开工日期；

（3）分包商承担现场工作的拟定开工日期。

只有在专用合同条件中没有限制分包的部分，承包商才能分包。

而 FIDIC《施工合同条件》规定，承包商的材料供应商以及合同中已经指明的分包商无需经工程师同意，其他分包商则都要经过工程师的同意。比较而言，银皮书给予了承包商选择分包商的更大自主权。

（五）设计及数据风险

根据银皮书，业主应对"业主要求"及业主提供信息的下列部分的正确性负责：

（1）在合同中规定的由业主负责或不可改变的部分、数据和资料；

（2）对工程的预期目标的说明；

（3）工程竣工的试验和性能的标准；

（4）承包商不能核实的部分、数据和资料，除非合同另有规定。

除上述情况外，业主不应对原包括在合同内的业主要求的任何错误、不准确或疏漏负责。

承包商应负责工程的设计，并在除上述业主应负责的部分外，对业主要求（包括设计标准和计算）的正确性负责。承包商应被视为在基准日期前已仔细审查了业主要求。承包商从业主或其他方面收到任何数据和资料，并不能解除承包商对设计和实施工程所承担的责任。

因此，承包商在投标前要对业主要求、数据资料、现场情况等仔细论证，充分研究并发现问题，及时要求业主澄清问题或制定相应措施，避免因根据非业主责任的错误信息编制投标文件而对未来项目实施带来重大风险。

银皮书在"放线"条款中还规定：由承包商负责对工程的所有部分正确定位，并应纠正在工程的位置、标高、尺寸或准线中的任何差错。可见，承包商应特别注意对放线工作的有关数据进行校验核实，而不能太过依赖于业主提供的此类数据的正确性，给自己造成潜在风险。

（六）不可预见的困难

银皮书在"不可预见的困难（Unforeseeable Difficulties）"的条款中规定：

（1）承包商应被认为已取得了对工程可能产生影响和作用的有关风险、意外事件和其他情况的全部必要资料；

（2）通过签署合同，承包商接受对预见到的为顺利完成工程的所有困难和费用的全部职责；

（3）合同价格对任何不可预见的困难或费用不应考虑给予调整；

（4）合同中另有规定的除外。

这不同于 FIDIC《施工合同条件》中规定的，承包商遇到不可预见的物质条件时，可以向业主提出索赔。本款的规定基本上排除了承包商以外界物质条件不可预见为理由向业主提出费用索赔的机会，因而承包商要清醒认识所承担的不可预见的困难，并采取相应的防范措施。

（七）进度计划与进度报告

1. 进度计划

银皮书规定，承包商应在开工日期后 28 天内向业主提交一份进度计划。进度计划应包括承包商计划实施工程的工作顺序，包括工程各主要阶段的预期时间安排、各项检验和试验的顺序和时间安排。当原定进度计划与实际进度不相符时，承包商还应提交一份修订的进度计划，除非业主在收到进度计划后的 21 天内向承包商发出通知，指出其不符合合同要求，承包商即应按照该进度计划进行工作，业主人员有权依照该进度计划安排其活动。

2. 进度报告

承包商应编制并向业主提交月进度报告，第一次报告应自开工日期起至当月的月底止。以后应每月报告一次，在每次报告期最后一天后 7 日内报出。每份报告应包括：

（1）设计、承包商文件、采购、制造、货物运达现场、施工、安装、试验、投产准备和试运行等每一阶段进展情况的图表和详细说明；

（2）关于每项主要工程设备和材料的生产，制造商名称、制造地点、进度百分比，以及开始制造、承包商检验、试验、发货和运抵现场的实际或预计日期；

（3）实际进度与计划进度的对比。

如果在任何时候实际工程进度对于在竣工时间内完工过于迟缓、实际进度落后于现行进度计划，承包商有义务向业主提交一份修订的进度计划及为在竣工时间内完工建议采取的赶工方案。

3. 承包商工期索赔

根据银皮书，承包商有权提出要求延长竣工时间的索赔的情形只有下列 3 种：

（1）根据合同变更的规定调整竣工时间；

（2）根据合同条件承包商有权获得工期顺延；

（3）由业主或在现场的业主的其他承包商造成的延误或阻碍。

比较而言，FIDIC《施工合同条件》中承包商可进行工期索赔的情形还有：异常不利的气候条件；由于流行病或政府行为导致的不可预见的人员或货物的短缺。在银皮书中，这两种情形的后果均由承包商承担，承包商的风险明显加大。

（八）支付

对工程的期中付款，银皮书规定，承包商应在合同规定的支付期限末（如每月的月末），按业主要求的格式向业主提交报表，详细说明承包商认为有权得到的款额以及相关的证明文件。业主应在收到有关报表和证明文件后的 28 天内向承包商发出关于报表中业主不同意支付的任何项目的通知，并附详细说明，对符合合同要求的应付款项，则不应扣发。业主在收到承包商的报表和证明文件后的 56 天内支付每期报表的应付款额。

业主在收到经双方商定的最终报表和书面结清证明后 42 天内，向承包商支付应付的最终款额。

需要注意的是，银皮书还规定，承包商应被认为已确信合同价格的正确性和充分性，除非合同另有规定，合同价格包括承包商根据合同所承担的全部义务（包括根据暂列金额所承担的义务），以及为正确设计、实施和完成工程、并修补任何缺陷所需的全部有关事项。

（九）运维培训

作为交钥匙工程，为帮助业主顺利实现项目运行，承包商要按照业主要求中规定的工作范围，对业主人员进行操作与维护（Operation and Maintenance）培训，如果合同规定在工程接收前需进行培训，则在该培训结束前，不应认为工程已经按照合同规定的接收要求竣工。

在竣工试验开始前，承包商还应向业主提供临时的操作与维护手册，手册的详细程度应能满足业主方运行、维护、拆卸、组装、调试及修理设备的需要，在业主收到最终正式的操作与维护手册前，不能认为工程已按合同规定的接收要求竣工。

第三节 NEC 施工合同（ECC）及合作伙伴管理

一、NEC 系列合同条件

英国土木工程师学会（ICE）颁布的新工程合同（New Engineering Contract，NEC）系列文件是国际上（尤其是在英国及英联邦国家）广泛使用的有代表性的合同条件之一，并对国际上其他合同文本的制订起到了借鉴作用、产生了重要影响。

NEC 系列合同条件主要包括：

（1）工程施工合同（The Engineering and Construction Contract，ECC），用于业主和总承包商之间的主合同，也被用于总包管理的一揽子合同。

（2）工程施工分包合同（The Engineering and Construction Sub-contract），用于总承包商与分包商之间的合同。

（3）专业服务合同（The Professional Services Contract），用于业主与项目管理人、监理人、设计人、测量师、律师、社区关系咨询师等之间的合同。

（4）裁决人合同（The Adjudicator's Contract），用于业主和承包商共同与裁决人订立的合同，也可用于分包和专业服务合同。

其中，工程施工合同（ECC）是 NEC 系列合同编制的重要基础，具有选项多样、使用灵活、条款用词简洁等特点，得到广泛应用。

二、ECC 合同的内容组成

工程施工合同（ECC）的组成内容主要包括：

（一）核心条款

核心条款（Core Clauses）是施工合同的主要共性条款，包括总则；承包商的主要责任；工期；测试和缺陷；付款；补偿事件；所有权；风险和保险；争端和合同终止等 9 条，构成了施工合同的基本构架，适用于施工承包、设计施工总承包和交钥匙工程承包等不同模式。

（二）主要选项条款

主要选项条款是对核心条款的补充和细化，使用者应根据需要选择适用的条款。对于主要选项条款，可在如下 6 个不同合同计价模式中选择一个适用模式（且只能选择一项），将其纳入合同条款之中：

选项 A：带有分项工程表的标价合同；

选项 B：带有工程量清单的标价合同；

选项 C：带有分项工程表的目标合同；

选项 D：带有工程量清单的目标合同；

选项 E：成本补偿合同；

选项 F：管理合同。

其中，标价合同适用于在签订合同时价格已经确定的合同；目标合同适用于在签订合同时工程范围尚未确定，合同双方先约定合同的目标成本，当实际费用节支或超支时，双方按合同约定的方式分摊；成本补偿合同适用于工程范围很不确定且急需尽早开工的项目，工程成本部分实报实销，再根据合同确定承包商酬金的取值比例或计算方法；管理合同适用施工管理承包，管理承包商与业主签订管理承包合同，但不直接承担施工任务，以管理费用和估算的分包合同总价报价，管理承包商与若干施工分包商订立分包合同，分包合同费用由业主支付。

（三）次要选项条款

在主要选项条款之后，ECC 还提供了十多项可供选择的次要选项条款，包括履约保证；母公司担保；支付承包商预付款；多种货币；区段竣工；承包商对其设计所承担的责任只限运用合理的技术和精心设计；通货膨胀引起的价格调整；保留金；提前竣工奖金；工期延误赔偿费；功能欠佳赔偿费；法律的变化等。

对于具体工程项目建设使用的施工合同，使用者可以根据其项目模式特点和自身需要，在核心条款的基础上，加上选定的主要选项条款和次要选项条款，就可以组合形成了一个内容约定完备的合同文件。

三、ECC 合同中的合作伙伴管理理念

鼓励当事人采取合作，而不是采取对抗行为，是 ECC 合同的典型特点。ECC 合同核心条款的总则中第一条即提出业主、承包商、项目经理（指业主方项目经理）和工程师在工作中相互信任、相互合作的工作原则。ECC 试图以共同愿景减少冲突、降低风险，明细职能和责任，激励各方充分发挥各自的作用。合同设计基于这样的考虑：有预见地以合作的态度管理项目各方之间的交往可以减少工程项目内在的风险，合同每道程序的制定在实施时应该有助于而不是降低工程的有效管理。

ECC 通过建立早期警告（Early Warning）和补偿事件（Compensation Events）为特征的合作机制，让项目各方致力于提高整个工程项目的管理水平。可以说，传统施工合同中由索赔条款实现的功能在 ECC 中由早期警告和补偿事件两项程序加以优化并解决。

（一）早期警告

早期警告程序是 ECC 共同预警的最重要的机制。ECC 条款规定：一经察觉发现可能出现诸如增加合同价款、拖延竣工、工程使用功能降低等问题，项目经理或承包商均应向对方发出早期警告。该条款的目的在于鼓励项目经理和承包商对可能影响工程的事件及早发出警告，防范未来风险的发生或降低其不利影响。

ECC 条款还规定，项目经理和承包商都可要求对方出席早期警告会议，每一方都可在对方同意后要求其他人员出席该会议。这类会议体现了合作伙伴（Partnering）讨论会的功能，在早期警告会议上，与会各方应在下列方面进行合作：

（1）提出并研究建议措施以避免或减少作为早期警告的每一问题的影响；

（2）寻求对将要受影响的所有各方均有利的解决办法；

（3）决定与会各方应采取的行动以及根据合同应采取行动的一方。

项目经理应在早期警告会议上对所研究的建议和做出的决定记录在案，并将记录发给承包商。

早期警告机制还体现在 ECC 其他条款中，如：承包商应在获得和提供与合同工程有关的信息方面同其他方合作。一经察觉合同组成文件中存在歧义和矛盾，项目经理或承包商均应立即通知对方，项目经理应发出指令解决此种歧义和矛盾。一经察觉在工程信息中有不合法和不可行的要求时，承包商应立即通知项目经理，若项目经理同意，应发出指令适当变更工程信息。

（二）补偿事件

ECC 条款中的补偿事件是一些非承包商的过失原因而引起的事件，承包商有权根据事件对合同价款及工期的影响要求补偿，包括获得额外的付款和工期延长。构成补偿事件的类型众多，如：承包商遇到在工地现场内非气象条件引起的，有经验的承包商可能在合同生效日判断该情况出现概率极小，因而有理由不予考虑的实际条件；在一个日历月内合同竣工日前合同资料中指明的场所所记录的气象实测资料与气象资料相比表明，该值平均出现频率低于十年一遇。通过补偿事件明确了业主和承包商的风险划分。ECC 规定，项目双方均可通知补偿事件，鼓励各方及早相互告知，有利于减小事件的不利影响，通过项目经理通知补偿事件，体现了业主就补偿事件对承包商给予补偿的主动性，反映了业主和承包商之间的相互体察与合作，有利于项目良性发展。

ECC 规定，若项目经理作出决定，认为某一补偿事件的影响过于不明确以致无法合理预测，此时应在向承包商发出提交报价的指令中说明其关于补偿事件的假定条件，对补偿事件的计价先以此假定条件为基础，事后若发现此假定条件有误，项目经理应通知改正。该条款有助于在现有信息条件下通过做出假定，先快速处理事件，若后来发现假定有误，再予修改，利于问题的快速灵活解决。

ECC 还规定，为消除歧义和矛盾而变更工程信息所发的指令属补偿事件，计价原则是：若变更由业主提供的工程信息，则该补偿事件的影响按对承包商最有利的解释进行计价；若变更由承包商提供的工程信息，则按对业主最有利的解释计价。鼓励双方相互提供真实可靠的工程信息（而不是对己方最有利的信息）。

可见，ECC 合同条件通过早期警告和补偿事件等条款的设置，在很大程度上体现了合作伙伴（Partnering）管理所倡导的信任、协调、沟通和激励的管理机制及合作共赢的理念。

第四节　AIA 系列合同及 CM 和 IPD 合同模式

一、AIA 系列合同条件

美国建筑师学会（AIA）制定的系列合同条件在美国建筑业界及美洲地区工程承包界具有很高的权威性，影响大、使用范围广。AIA 系列合同条件主要用于私营的房屋建筑工程，该合同条件下确定了传统模式、设计—建造模式、CM（Construction Management）模式和集成化管理模式等不同类型的工程管理模式。

AIA 针对不同项目管理模式和合同各方关系颁布了多个系列的合同和文件，可供使用者根据需要选择，具体如下：

A 系列：业主与施工承包商、CM 承包商、供应商，以及总承包商与分包商之间的标准合同文件；

B 系列：业主与建筑师之间的标准合同文件；

C 系列：建筑师与专业咨询人员之间的标准合同文件；

D 系列：建筑师行业内部使用的文件；

E 系列：合同和办公管理中使用的文件；

F 系列：财务管理报表；

G 系列：建筑师企业与项目管理中使用的文件。

其中，A201《施工合同通用条件》是 AIA 系列合同中的核心文件。

二、CM 合同模式

（一）CM 模式及其类型

所谓 CM（Construction Management）模式，是指由业主委托一家 CM 单位承担项目管理工作，该 CM 单位以承包单位的身份进行施工管理，并在一定程度上影响工程设计活动，组织快速路径（Fast-track）的生产方式，使工程项目实现有条件的边设计边施工。CM 模式尤其适用于实施周期长、工期要求紧的大型复杂工程。与传统总分包模式下施工总承包商对分包合同的管理不同，CM 合同属于管理承包合同。

依据业主委托管理范围和责任的不同，CM 模式分为代理型（Agency）CM 模式和风险型（Non-Agency，非代理型）CM 模式。对于代理型 CM 模式，CM 承包商只为业主对设计和施工阶段的有关问题提供咨询服务，不负责工程分包的发包，与分包单位的合同由业主直接签订，CM 承包商不承担项目实施的风险。以下主要介绍风险型 CM 模式。

（二）风险型 CM 模式的工作特点

风险型 CM 承包商的工作内容包括施工前阶段的咨询服务和施工阶段的组织管理工作。CM 承包商在工程设计阶段就应介入，为设计者提供建议，包括根据施工经验提高设计的可施工性建议、运用价值工程提出设计改进建议、提出工程投资优化的建议，同时也帮助减少施工期间的设计变更。

当部分工程设计完成后 CM 承包商即可选择分包商施工，而不必等到设计全部完成后才开始施工，通过快速路径方式缩短项目建设周期。CM 承包商对业主委托范围的工作，可以自己承担部分施工任务，也可以全部由分包商实施。其自己施工的部分属于施工承包，不属 CM 的工作范围。CM 工作是负责对自己选择的施工分包商和供货商，以及业主签订合同交由 CM 负责管理的承包商和指定分包商的工作进行组织、协调和管理，保证承包管理的工程能够按合同要求顺利完成。因此，CM 承包商应熟悉施工工艺、了解费用构成，具备良好的施工管理经验和组织协调能力。

（三）风险型 CM 模式的合同计价方式

1. 合同计价方式

风险型 CM 合同采用成本加酬金的计价方式，成本部分由业主承担，CM 承包商获取约定的酬金。CM 承包商签订的每一个分包合同均对业主公开，业主可以参与分包合同的谈判，业主按分包合同约定的价格支付，CM 承包商不赚取总包与分包合同之间的差价。CM 承包商的酬金约定通常可选用如下方式：固定酬金；按分包合同价的百分比取费；按分包合同实际发生工程费用的百分比取费。

2. 保证工程最大费用（GMP）的限定

随着设计工作的深化，CM 承包商要陆续编制工程各部分的工程预算。施工图设计完成后，CM 承包商将按照最终的工程预算提出保证工程最大费用（Guaranteed Maximum Price，GMP），并与业主协商达成一致后，按 GMP 的限制制定计划并组织施工，对施工阶段的工作承担直接经济责任。当工程实际总费用超过 GMP 时，超过部分由 CM 承包商承担，体现了 CM 管理承包的风险性，也使业主方造价控制风险大大降低。

约定 GMP 后，在实施过程中发生与 CM 承包商确定 GMP 时不一致使得工程费用增加的情况，CM 承包商可以与业主协商调整 GMP。可能的情况如：发生设计变更或补充图纸；业主要求变更材料和设备的标准、种类、数量和质量；业主签约交由 CM 承包商管理的施工承包商或业主指定分包商与 CM 承包商签约的合同价大于 GMP 中的相应金额等。

三、IPD 合同模式

（一）IPD 模式的定义

IPD（Integrated Project Delivery）模式，即集成项目交付模式，亦称为综合项目交付模式或一体化项目交付模式，是近年来一种新型项目组织和管理模式。根据美国建筑师协会（AIA）的定义，IPD 是一种将人力资源、工程系统、业务架构和实践经验集成为一个过程的项目交付模式；在这一集成过程中，参与项目各方充分利用自身的技能与知识，通过包括设计、制造、施工等项目全寿命周期各阶段的通力合作，使项目效益最大化，为业主创造更大价值并减少浪费。

（二）IPD 模式的实施过程及特点

AIA 发布了以 AIA C191 合同条件为代表的系列 IPD 合同文件。AIA C191 合同包括 IPD 多方合同标准协议和 4 个附件（通用条款、项目法律描述、业主标准、目标标准修正案）。由业主、设计单位、承包商（还可包括供应商、分包商）共同签署一份合同（AIA C191），形成多方合同型 IPD 模式。

AIA C191 将整个项目实施过程分为如下 8 个阶段：

（1）概念阶段。参与各方在项目前期就介入项目，根据业主要求制定项目标准，并达成共识，对项目成本、可施工性、采购及施工进度等进行初步评估。

（2）标准设计阶段。确定各阶段工作任务，参与各方共同制定项目定义，确定项目目标成本，开始执行目标标准修正案。

（3）详细设计阶段。参与各方对目标标准修正案进行完善更新，提出达成一致的改进意见及工作计划。

（4）执行文件阶段。参与各方根据更新后的目标标准修正案编制执行文件（如图纸和技术规范、通用条款、工作文件）；承包商根据进度计划提供施工图纸和其他文件，由设计单位审查和批准；参与各方确定开工日期。

（5）机构审查阶段。参与各方及时提供各类文件，从相关政府机构取得必要的批准和许可。

（6）采购分包阶段。根据目标标准修正案的要求选择本项目设计顾问、专业分包商和材料供应商等，承包商和设计单位与其分包商和设计顾问单位签订分包合同，并由各参与方审查批准。

（7）施工阶段。承包商全权负责和控制施工工艺、方法、技术、程序、现场安全；协调目标成本并保证工程质量；向参与各方提交施工进度计划并定期更新。

（8）竣工收尾阶段。承包商编制提交所完成项目清单和检查申请，由参与各方检查确定后编制实质性完工证书。

在报酬激励方面，参与各方共同商定项目目标实现的报酬金额，若实际成本小于目标成本，则业主应将结余资金按合同约定的比例支付给其他参与方作为激励报酬。若项目实际成本超出目标成本，根据合同约定，业主可选择偿付工程的所有成本，包括设计单位和承包商人员的工资，也可选择不再偿付任何单位的人员成本，只支付材料、设备和分包成本。

在索赔方面，参与各方应放弃任何对其他参与方的索赔（故意违约等情形除外）。

在争端处理方面，该模式下任何一方提出的争议应提交到由业主、设计单位、承包商等参与方的高层代表和项目中立人所组成的争议处理委员会协商解决，项目中立人由参与各方共同指定。

可见，IPD 模式通过建立项目参与各方各阶段密切协同合作的组织管理机制，共同管控项目目标、共担项目风险、共享分配收益，力争实现项目利益最大化。

思　考　题

1. FIDIC《施工合同条件》中业主、承包商和工程师各有哪些主要责任和义务？
2. 根据 FIDIC《施工合同条件》，如何进行工程量的计量和估价？
3. FIDIC《施工合同条件》如何定义"不可预见"及对双方有何影响？
4. FIDIC《施工合同条件》对合同双方争端处理机制是如何安排的？
5. EPC 合同模式适用于什么情况？该合同模式给承包商带来哪些风险？
6. 如何理解制定好"业主要求"是 EPC 合同顺利实施的重要前提？
7. ECC 合同条件中对"早期警告"和"补偿事件"是如何约定的？
8. 何谓风险型 CM 模式？何谓保证工程最大费用？
9. IPD 合同模式的集成化特点是如何体现的？

第九章

参 考 文 献

[1] 中华人民共和国国务院颁布. 招标投标法实施条例. 2012.

[2] 刘伊生. 建设工程招投标与合同管理(第2版)[M]. 北京：北京交通大学出版社，2014.

[3] 施工招标文件使用指南编写组. 中华人民共和国2007年版标准施工招标文件使用指南[M]. 北京：中国计划出版社，2008.

[4] 九部委联合颁布. 中华人民共和国标准设计施工总承包招标文件，2012.

[5] 九部委联合颁布. 中华人民共和国简明标准施工招标文件，2012.

[6] 何伯森. 国际工程合同与合同管理(第二版)[M]. 北京：中国建筑工业出版社，2010.

[7] 商务部对外贸易司(国家机电办)印发. 机电产品国际招标标准招标文件(试行)，2014.

[8] 国际咨询工程师联合会/中国工程咨询协会. 菲迪克(FIDIC)合同指南[M]. 北京：机械工业出版社，2017.

[9] 英国土木工程师学会. 工程施工合同与使用指南[M]. 北京：中国建筑工业出版社，2017.

[10] 九部委联合颁布. 中华人民共和国标准设备采购招标文件，2017.

[11] 九部委联合颁布. 中华人民共和国标准材料采购招标文件，2017.

[12] 九部委联合颁布. 中华人民共和国标准勘察招标文件，2017.

[13] 九部委联合颁布. 中华人民共和国标准设计招标文件，2017.

[14] 九部委联合颁布. 中华人民共和国标准监理招标文件，2017.

[15] 中华人民共和国国家标准. 建设项目工程总承包管理规范(GB/T 50358—2017)[S]. 北京：中国建筑工业出版社，2017.

[16] 张水波，何伯森. FIDIC新版合同条件导读与解析(第二版)[M]. 北京：中国建筑工业出版社. 2019.

[17] NEC系列合同条件：https://www.neccontract.com/

[18] AIA系列合同条件：https://www.aiacontracts.org/

网上增值服务说明

为了给全国监理工程师职业资格考试人员提供更优质、持续的服务，我社为购买正版考试图书的读者免费提供网上增值服务，增值服务分为文档增值服务和视频增值服务，具体内容如下：

文档增值服务： 主要包括各科目的考点解析、应试技巧、在线答疑，每本图书都会提供相应内容的增值服务。

视频增值服务： 由权威老师进行网络在线授课，对考试用书重点难点内容进行全面讲解，旨在帮助考生掌握重点内容。视频涵盖所有考试科目，网上免费增值服务使用方法如下：

微信扫描封面二维码 → 关注"建知云服务"服务号 → 刮开封面增值服务码涂层，扫描涂层下条形码，验证 → 通过验证，享受增值服务

注： 增值服务从本书发行之日起开始提供，至次年新版图书上市时结束，提供形式为在线阅读、观看。如果输入卡号和密码或扫码后无法通过验证，请及时与我社联系。

Email：jls@cabp.com.cn

防盗版举报电话：010-58337026，举报查实重奖。

网上增值服务如有不完善之处，敬请广大读者谅解。欢迎提出宝贵意见和建议，谢谢！